混凝土结构施工图识读

主　编　　冯依锋　王　莎
副主编　　邓端聪　沈小峰
　　　　　安　雪　杜芳芳
参　编　　王　慧　吴晓莹
　　　　　廉少妮　才　丽

北京理工大学出版社
BEIJING INSTITUTE OF TECHNOLOGY PRESS

内 容 提 要

　　本书共分为 7 个项目，主要内容包括认识建筑结构和平法及识读各类配筋构造详图。本书以学生熟悉的学生公寓施工图为载体，对接建筑工程识图"1+X"职业技能等级标准与建筑工程识图职业技能竞赛规程，将识图与绘图技能有机融合，融入课程思政要素，以项目导向、任务驱动展开学习内容，以思维导图启发学生的思考，精心设计实训任务单与评分标准，实现教、学、做一体化。

　　本书可供高等院校土木工程类相关专业学生使用，也可供相关从业人员岗位培训用材，还可供相关工程技术人员工作时参考。

图书在版编目（CIP）数据

　　混凝土结构施工图识读 / 冯依锋，王莎主编. -- 北
京：北京理工大学出版社，2022.4
　　ISBN 978-7-5763-0522-7

　　Ⅰ.①混… Ⅱ.①冯… ②王… Ⅲ.①混凝土结构－
建筑制图－识别－高等学校－教材 Ⅳ.①TU204.21

　　中国版本图书馆CIP数据核字（2021）第211203号

出版发行 / 北京理工大学出版社有限责任公司
社　　址 / 北京市海淀区中关村南大街 5 号
邮　　编 / 100081
电　　话 / （010）68914775（总编室）
　　　　　 （010）82562903（教材售后服务热线）
　　　　　 （010）68944723（其他图书服务热线）
网　　址 / http://www.bitpress.com.cn
经　　销 / 全国各地新华书店
印　　刷 / 河北鑫彩博图印刷有限公司
开　　本 / 787 毫米 ×1092 毫米　1/16
印　　张 / 10.5
插　　页 / 8
字　　数 / 325 千字
版　　次 / 2022 年 4 月第 1 版　2022 年 4 月第 1 次印刷
定　　价 / 88.00 元

责任编辑 / 钟　博
文案编辑 / 钟　博
责任校对 / 周瑞红
责任印制 / 边心超

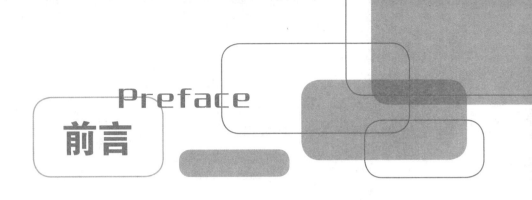

Preface

前言

2021 年全国职业教育大会指出要积极探索"岗课赛证"融合育人模式,"岗课赛证"融合就是指专业课程教学结合职业岗位工作标准、建筑工程识图职业技能人赛标准、"1+X"建筑工程识图职业技能等级标准的要求,进行"岗位工作能力—专业课程体系与课程教学内容—职业技能大赛能力—职业技能等级证书能力"有机衔接、相互融合的教学改革,通过"岗课赛证"融合改革,全面提升学生的学习主动性和积极性,使学生在毕业前就可以具备真实岗位的工作能力和职业素养,稳步提升人才培养质量和就业质量。

建筑工程识图获批教育部第三批"1+X"证书制度试点,同时建筑工程识图也是高等院校技能大赛省赛和国赛的项目,另外,建筑工程识图还是土建类专业群学生必须具备的岗位核心职业能力。本书是探索"岗课赛证"融合育人的教材,融合职业岗位、技能大赛"1+X"证书和职业教育的新要求。本书可以作为高等院校土建类专业结构识图相关课程的教学用书,也可作为建筑工程识图大赛备赛指导和"1+X"证书辅导用书。

1. 教材编写理念

以学生常见的学生公寓楼施工图为载体,对接建筑工程识图"1+X"职业技能等级标准与建筑工程识图职业技能竞赛标准,将识图与绘图技能有机结合,实现"岗课赛证"融合;以项目导向、任务驱动展开学习内容,以思维导图启发学生思考,精心设计实训任务单与评分标准,实现教、学、做一体化;教材编写中还注意融入课程思政要素,激发学生学习的积极性。

2. 教材主要内容

本教材按照最新平法标准图集(16G101-1、16G101-2、16G101-3)的内容,以学生公寓楼项目为载体贯穿全书教学设计,全书共分为认识建筑结构和平法、识读柱平法施工图与绘制柱配筋构造详图、识读梁平法施工图与绘制梁配筋构造详图、识读板平法施工图与绘制板配筋构造详图、

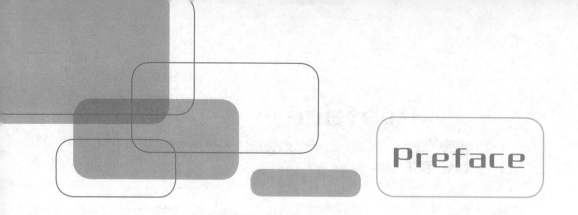

识读剪力墙平法施工图与绘制剪力墙配筋构造详图、识读楼梯平法施工图与绘制楼梯配筋构造详图、识读基础平法施工图与绘制基础配筋构造详图7个项目，每个项目按照识图与绘图相结合的原则划分为小任务。

3. 教材配套资源

教材配套了微课视频和学习课件，并建设了"混凝土结构施工图识读"精品在线开放课程，课程针对16G101-1、16G101-2、16G101-3中的难点建立了平法规则图解和三维模型示意，同时配套了学生公寓楼项目图纸，结合整套图纸并根据建筑工程识图"1+X"证书和职业技能大赛要求，精心设计了实训任务和练习题，满足技能大赛训练和"1+X"证书辅导要求。

4. 教材编写团队

教材编写团队由校内教学经验丰富的骨干教师和校外实践经验丰富的工程师组成，近几年指导学生参加职业院校技能大赛建筑工程识图赛项获得7项国赛、省赛大奖，同时团队主持立项了湖北省教育厅2020年省级教学研究项目"基于'岗课赛证'融合的专业群共享课程教学改革与实践——以建筑工程识图课程为例"。本书在编写过程中得到北京海天恒基装饰集团股份有限公司、山东百库教育科技有限公司、广州中望龙腾软件股份有限公司的大力支持，在此一并表示感谢！

虽然编写团队一直致力于结构识图教材的改革和探索，但限于编者水平，难免存在错误或不足之处，欢迎广大读者批评指正。

编　者

Contents
目录

Contents

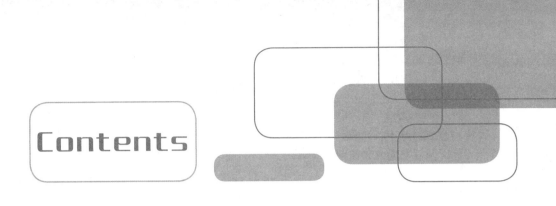

Contents

项目 1

认识建筑结构和平法

钢筋混凝土结构是应用最广泛的一种结构形式，本项目通过学习建筑结构和平法的基本知识，熟悉建筑结构的形式，初步建立平法制图的概念，为后续的柱、梁、板、剪力墙、楼梯、基础等构件施工图识读奠定基础。

任务 1　认知建筑结构的基本知识

任务 2　学习混凝土结构一般构造

任务 3　走进结构施工图平法制图

任务 4　综合识读学生公寓结构设计总说明

任务 1　认知建筑结构的基本知识

任务 目标

知识目标：熟悉建筑结构的类型和建筑结构抗震基本知识。

能力目标：能根据结构施工图图纸确定建筑结构的形式和建筑抗震要求。

素养目标：培养学生积极投身建筑行业大发展，树立工匠精神，为社会主义现代化强国建设添砖加瓦。

问题 导入

观察上课的教学楼或实训楼，能否判断该建筑是哪种结构形式？属于哪一类抗震设防类别？抗震等级是几级？

认知建筑结构的基本知识—建筑结构形式

知识链接

1. 建筑结构概念

为了能够抵抗各种外界的作用，如风雨雪、地震等，建筑必须要有足够抵抗能力的空间骨架，这个空间骨架就是建筑物的承重骨架。建筑结构就是由基础、柱（墙）、梁、板等基本构件通过各种形式连接而形成的能够承受荷载的骨架。

建筑物按构件组成来分，主要构成部分包括楼地层、墙或柱、基础、楼电梯、屋盖、门窗六大部分，如图 1-1 所示。其中，柱、梁、板、墙、楼梯、基础等为建筑物的基本受力构件。它们组成了建筑物的基本结构，如图 1-2 所示。

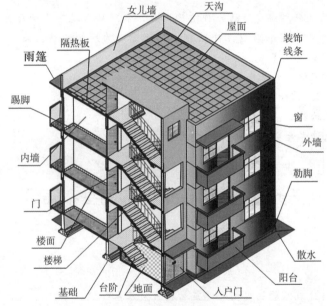

图 1-1　建筑物组成

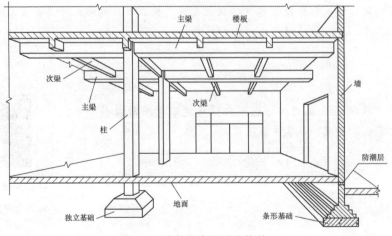

图 1-2　建筑物主要受力构件

2. 钢筋混凝土结构特点

混凝土结构包括素混凝土结构、钢筋混凝土结构及预应力混凝土结构。混凝土是建筑工程中应用非常广泛的一种建筑材料，混凝土抗压强度较高，而抗拉强度却很低。因此，未配置钢筋的素混凝土构件，只适用于受压构件，且破坏比较突然，故在工程中极少使用。素混凝土结构与钢筋混凝土结构对比如图 1-3 所示。

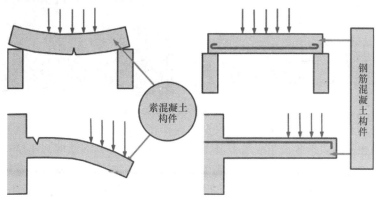

图 1-3　素混凝土结构与钢筋混凝土结构

钢筋混凝土结构的主要优点如下：

(1)就地取材——混凝土中所用的砂、石等材料一般可以就地取材，另外，还可以有效利用矿渣、粉煤灰等工业废料；

(2)钢筋混凝土结构合理地发挥了钢筋和混凝土两种材料的性能，与钢结构相比，还可以降低造价；

(3)整体性好——现浇及装配整体式钢筋混凝土结构整体性好，因而有利于抗震、防爆；

(4)耐久性好——密实的混凝土有较高的强度，同时由于钢筋被混凝土包裹，不易锈蚀，维修费用也很少，所以钢筋混凝土结构的耐久性比较好；

(5)耐火性好——混凝土包裹在钢筋外面，火灾时钢筋不会很快达到软化温度而导致结构整体破坏，与裸露的木结构、钢结构相比耐火性要好；

(6)可模性好——可以根据设计要求浇筑成各种形状和尺寸的钢筋混凝土结构。

钢筋混凝土结构缺点：自重大、抗裂性能差、模板用量大、工期长。克服其缺点的方法：采用轻质、高强度的混凝土，可克服自重大的缺点；采用预应力混凝土，可克服容易开裂的缺点；掺入纤维做成纤维混凝土可克服混凝土的脆性；采用装配式钢筋混凝土结构，可减小模板用量，缩短工期。正是因为钢筋混凝土结构有着众多的优点，且存在缺点可以通过不同方式进行解决，所以被广泛应用在房屋建筑、市政、道路、桥梁、隧道等许多土建工程中。

预应力混凝土结构是在结构构件受荷载作用前，人为地对混凝土构件的受拉区预先施加一定的压力，由此产生预压应力状态，推迟裂缝的开展，减小裂缝的宽度，从而加大构件刚度，减小变形，同时，还可以采用高强度材料。预应力构件受力原理如图 1-4 所示。

读书笔记

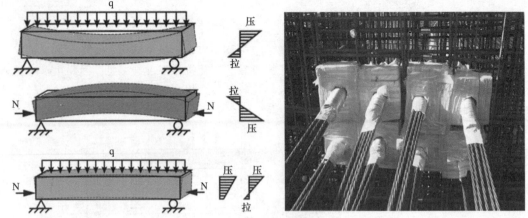

图1-4 预应力构件受力原理

装配式混凝土结构是指将建筑的部分或全部构件在工厂预制完成之后运送到施工现场，将构件通过坚固的连接方式组装而建成的混凝土结构建筑，装配式钢筋混凝土结构是我国建筑结构发展的重要方向之一，它有利于我国建筑工业化的发展，提高生产效率，节约能源，发展绿色环保建筑，并且有利于提高和保证建筑工程质量。装配式混凝土结构施工现场如图1-5所示。

图1-5 装配式混凝土结构施工现场

3. 钢筋混凝土结构常见形式

钢筋混凝土结构常见形式见表1-1。

表 1-1　钢筋混凝土结构常见形式

形式	概念	特点	适用范围
框架结构 [图 1-6(a)]	以梁、柱和板为主要构件组成的承受竖向和水平作用的结构称为框架结构。框架结构的墙体不承重，仅起到围护和分隔作用，一般用预制的加气混凝土、膨胀珍珠岩、空心砖或多孔砖、浮石、蛭石、陶粒等轻质板材砌筑或装配而成	优点： (1)空间分隔灵活，自重轻，节省材料； (2)可以较灵活地配合建筑平面进行布置，有利于安排需要较大空间的建筑结构； (3)框架结构的梁、柱构件易于标准化、定型化，便于采用装配整体式结构，以缩短施工工期； (4)采用现浇混凝土框架时，结构的整体性、刚度较好，设计处理好也能达到较好的抗震效果，而且可以把梁或柱浇筑成各种需要的截面形状。 缺点： (1)框架节点应力集中明显； (2)框架结构的侧向刚度小，属柔性结构框架，在强烈地震作用下，结构所产生水平位移较大，容易造成严重的非结构性破坏； (3)采用预制组装施工时吊装次数多，接头工作量大，工序多，浪费人力，施工受季节、环境影响较大	不适宜建造高层建筑，一般适用于建造不超过 15 层的房屋，广泛用于住宅、学校和办公楼等建筑
剪力墙结构 [图 1-6(b)]	用钢筋混凝土墙板来代替框架结构中的梁、柱，能承担各类荷载引起的内力，并能有效控制结构的水平力，这种用钢筋混凝土墙板来承受竖向和水平力的结构称为剪力墙结构。其中，剪力墙由墙柱、墙梁和墙身等构件组成	优点： (1)整体性好； (2)侧向刚度大，水平力作用下侧移小； (3)由于没有梁、柱等外露与凸出，便于房间内部布置。 缺点： (1)不能提供大空间房屋； (2)结构延性较差； (3)全剪力墙结构虽然其整体性好但自重大，对基础要求高，一般很少使用	可以建造比框架结构更高、更多层数的建筑，但是只能以小房间为主的房屋，如住宅、宾馆、单身宿舍
框架-剪力墙结构[图 1-6(c)]	框架-剪力墙结构可简称为框-剪结构，这种结构是在框架结构中布置一定数量的剪力墙，构成灵活自由地使用空间，满足不同建筑功能的要求，同时又有足够的剪力墙，有相当大的侧向刚度	优点： (1)同样设防烈度地区，框-剪结构因抗震能力较接近剪力墙结构，允许建造的高度比框架结构高得多； (2)框-剪结构比起剪力墙结构，其建筑空间布置更灵活，更容易满足使用功能需要有较大空间区域的要求； (3)框-剪结构在水平荷载(或地震水平作用)下的整体侧向变形介于弯曲型与剪切型之间，是中庸平和类型，在用料、舒适度等各方面都比较适中； (4)由于框-剪结构在水平荷载下，大部分剪力由剪力墙承担，底层的框架柱截面尺寸可以做得不必过大而节约使用空间。 缺点：框-剪结构施工工艺复杂，剪力墙构件种类繁多，不能采用装配式构件进行工业生产	框-剪结构是由框架与剪力墙组合而成的结构体系，适用于需要有局部大空间的建筑，这时在局部大空间部分采用框架结构，同时又可用剪力墙来提高建筑物的抗震能力，从而满足高层建筑的要求。框-剪结构是高层住宅采用的最为广泛的一种结构形式

续表

形式	概念	特点	适用范围
筒体结构 （图1-7）	筒体结构由框剪结构与全剪力墙结构综合演变和发展而来。筒体结构是将剪力墙或密柱框架集中到房屋的内部和外围而形成的空间封闭式的筒体。筒体结构可分为框架-核心筒结构、筒中筒结构和多筒结构	优点： （1）高层建筑特别是超高层建筑中，水平荷载越来越大、起着控制作用，筒体结构是抵抗水平荷载最有效的结构体系； （2）由于筒体结构建筑如同一个固定于基础的中间由楼板逐层封闭的空心悬臂梁，结构空间刚度极大，抗震、抗扭性能也好。 缺点： （1）结构负载、框架较重； （2）结构成本高； （3）有效使用面积比例较低	剪力墙集中布置不妨碍房屋的使用空间，建筑平面布置灵活，适用于各种高层公共建筑和商业建筑

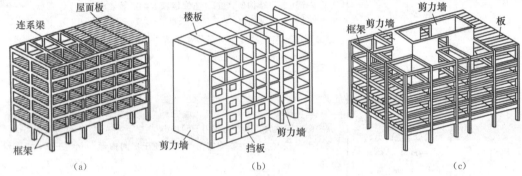

图1-6 框架结构、剪力墙结构和框架-剪力墙结构

（a）框架结构；（b）剪力墙结构；（c）框架-剪力墙结构

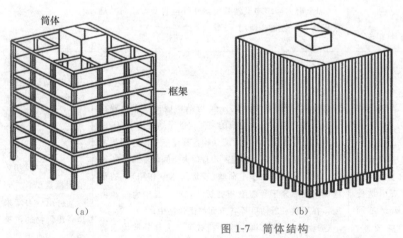

图1-7 筒体结构

（a）框架-核心筒；（b）筒中筒；（c）多筒结构

4. 建筑结构抗震

（1）震级与烈度。

1）震级是衡量一次地震大小的等级，反映地震时震源处释放能量的大小，震级每相差一级，

地面振幅增大约10倍，而地震释放的能量就相差32倍。

2）地震烈度是指某一地区的地面及房屋建筑遭受到一次地震影响的强弱程度。对于一次地震，只能有一个地震震级，而有多个地震烈度。地震烈度又分为基本烈度和抗震设防烈度。

认知建筑结构的基本知识－建筑抗震知识

【举例】 2008年5月12日14时28分，四川省汶川发生里氏8.0级强烈地震，这是中华人民共和国成立以来波及面最广，损失最大的一次地震。位于震中附近的汶川、汉旺、青川、北川等地区，烈度估计达到10～11度；绵竹、绵阳达到9～10度；远至成都、西安都有震感。

①一个地区的基本烈度是指该地区在今后50年期限内，在一般场地条件下可能遭遇超越概率为10％的地震烈度值，采用概率方法预测某地区在未来一定时间内可能发生的最大烈度是抗震设防首要解决的问题。

②抗震设防烈度是指按国家规定的权限批准（颁发文件）作为一个地区抗震设防依据的地震烈度，是一个地区的建筑抗震设防依据。一般情况下，抗震设防烈度可采用中国地震烈度区划图中的地震基本烈度。

（2）抗震设防目标。《建筑抗震设计规范（2016年版）》（GB 50011－2010）规定，抗震设防烈度为6度及以上地区的建筑必须进行抗震设计，结合我国目前的具体情况，《建筑抗震设计规范（2016年版）》（GB 50011－2010）提出了"小震不坏、中震可修、大震不倒"的"三水准"的抗震设防目标。

1）第一水准：当遭受低于本地区设防烈度的多遇地震（简称"小震"）影响时，建筑一般不受损坏或不需修理仍可继续使用。

2）第二水准：当遭受本地区设防烈度（简称"中震"）的地震影响时，建筑可能有一定的损坏，经一般修理或不需修理仍可继续使用。

3）第三水准：当遭受高于本地区设防烈度的预估的罕遇地震（简称"大震"）影响时，建筑不致倒塌或发生危及生命的严重破坏。

（3）抗震设防分类和抗震等级。《建筑工程抗震设防分类标准》（GB 50223－2008）根据建筑使用功能的重要性，将建筑抗震设防类别分为以下四类：

1）特殊设防类（甲类）——属于涉及国家公共安全的重大建筑工程和地震时可能发生严重次生灾害的建筑，如核电站、核设施、水库、大坝、堤防、贮油、贮气、贮存易燃易爆、剧毒、强腐蚀物质的设施等。

2）重点设防类（乙类）——属于地震时使用功能不能中断或需尽快恢复的建筑，以及地震时可能导致大量人员伤亡等重大灾害后果的建筑，如消防、急救、供水、供电、通信、中小学幼儿园教学楼等。

3）标准设防类（丙类）——属于甲、乙、丁类建筑以外的一般建筑，如一般的公共建筑、住宅、旅馆、厂房等。

4）适度设防类（丁类）——属于抗震次要建筑，如储存物品价值低的一般仓库、人员活动少的辅助建筑等。

《建筑抗震设计规范（2016年版）》（GB 50011－2010）根据设防类别、设防烈度、结构类型和房屋高度等因素，将现浇钢筋混凝土房屋结构划分为四个抗震等级，它是确定结构和构件抗震计算与采取抗震措施的标准。丙类建筑的抗震等级应按表1-2确定。甲、乙、丁类建筑应按设防类别与设防标准，对抗震设防烈度进行相应调整后再确定抗震等级。

读书笔记

表1-2　现浇钢筋混凝土房屋的抗震等级

框架结构

设防烈度	6度 ≤24	6度 >24	7度 ≤24	7度 >24	8度 ≤24	8度 >24	9度 ≤24
框架	四	三	三	二	二	一	一
大跨度框架	三	三	二	二	一	一	一

框架-抗震墙结构

设防烈度	6 ≤60	6 >60	7 ≤24	7 25~60	7 >60	8 ≤24	8 25~60	8 >60	9 ≤24	9 25~50
框架	四	三	四	三	二	三	二	一	二	一
抗震墙	三	三	三	二	二	二	一	一	一	一

抗震墙结构

设防烈度	6 ≤80	6 >80	7 ≤24	7 25~80	7 >80	8 ≤24	8 25~80	8 >80	9 ≤24	9 25~60
抗震墙	四	三	四	三	二	三	二	一	二	一

部分框支抗震墙结构

设防烈度	6 ≤80	6 >80	7 ≤24	7 25~80	7 >80	8 ≤24	8 25~80	9
抗震墙 一般部位	四	三	四	三	二	三	二	—
抗震墙 加强部位	三	二	三	二	一	二	一	—
框支层框架	二	二	二	二	一	一	一	—

框架-核心筒结构

设防烈度	6	7	8	9
框架	三	二	二	一
核心筒	二	二	二	一

筒中筒结构

设防烈度	6	7	8	9
外筒	三	二	二	一
内筒	三	二	二	一

板柱-抗震墙结构

设防烈度	6 ≤35	6 >35	7 ≤35	7 >35	8 ≤35	8 >35	9
框架、板柱的柱	三	二	二	二	二	二	—
抗震墙	二	二	二	二	二	一	—

注：1. 建筑场地为Ⅰ类时，除6度外应允许按表内降低一度所对应的抗震等级采取抗震构造措施，但相应的计算要求不应降低；

2. 接近或等于高度分界时，应允许结合房屋不规则程度及场地、地基条件确定抗震等级；

3. 大跨度框架指跨度不小于18 m的框架；

4. 高度不超过60 m的框架-核心筒结构按框架-抗震墙的要求设计时，应按表中框架-抗震墙结构的规定确定其抗震等级。

课堂检测

某工程主楼采用框架-核心筒结构，以下说法错误的是（　　　）。

A. 框架-核心筒结构指周边密柱框架与核心筒组成的结构

B. 框架-核心筒和筒中筒结构都属于筒体结构

C. 核心筒刚度比框架大

D. 结构底部剪力由核心筒和框架共同承担，核心筒承担大部分剪力

【答案】A，筒中筒外框架为密柱深梁，框架-核心筒外框架为稀柱框架（试题来源：2019 年全国职业院校技能大赛高职组"建筑工程识图"赛项）。

思维导图总结

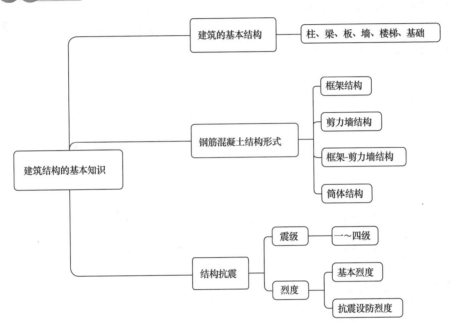

任务 2　学习混凝土结构一般构造

任务目标

知识目标：熟悉混凝土结构一般构造的要求和常见的参数。

能力目标：能识记混凝土结构一般构造的要求；能根据规范查找或计算重要参数。

素养目标：培养学生对课程的学习兴趣和严谨、细致的工作态度。

问题导入

建筑工程中常见的钢筋有几种？什么是钢筋的保护层厚度、锚固长度和搭接长度？

知 识 链 接

1. 钢筋种类和符号

《混凝土结构设计规范(2015 年版)》(GB 50010－2010)及《混凝土结构施工图平面整体表示方法制图规则和构造详图》(16G101－1～3)图集将钢筋种类分为 HPB300、HRB335、HRB400(HRBF400、RRB400)和 HRB500(HRBF500)四个级别 7 种钢筋。在结构施工图中为了区别每个级别、每个种类的钢筋用相应的符号进行表示，见表 1-3。

学习混凝土结构
一般构造－钢筋种类

表 1-3 钢筋种类及强度

种类	符号	公称直径/mm	抗拉强度设计值/(N·mm⁻²)	抗压强度设计值/(N·mm⁻²)	屈服强度标准值/(N·mm⁻²)	弹性模量/(N·mm⁻²)
HPB300	ϕ	6～14	270	270	300	$2.1×10^5$
HRB335	Φ	6～14	300	300	335	$2.0×10^5$
HRB400	Φ	6～50	360	360	400	$2.0×10^5$
HRBF400	Φ^F					
RRB400	Φ^R					
HRB500	Φ	6～50	435	435	500	$2.0×10^5$
HRBF500	Φ^F					

注：热轧光圆钢筋 HPB：Hot-rolled Plain-steel Bars；
　　热轧带肋钢筋 HRB：Hot-rolled Ribbed-steel Bars；
　　细晶热轧带肋钢筋 HRBF：Hot-rolled Ribbed-steel Bar Fine；
　　余热处理带肋钢筋 RRB：Remained heat treatment Ribbed-steel Bars。

2. 混凝土保护层的厚度

混凝土保护层的厚度是指最外层钢筋的外边缘至混凝土外边缘的距离，用 c 表示，见表 1-4。其主要作用：一是保护钢筋不发生锈蚀，保证结构的耐久性；二是保证钢筋与混凝土之间的黏结；三是在火灾等情况下，避免钢筋过早软化。

学习混凝土结构一般
构造－钢筋保护层

表 1-4 混凝土保护层的最小厚度　　　　　　　　　　　　mm

环境类别	板、墙、壳	梁、柱、杆
一	15	20
二 a	20	25
二 b	25	35

续表

环境类别	板、墙、壳	梁、柱、杆
三 a	30	40
三 b	40	50

注：1. 表中混凝土保护层厚度是指最外层钢筋外边缘至混凝土表面的距离，适用于设计使用年限为50年的混凝土结构。

2. 构件中受力钢筋的保护层厚度不应小于钢筋的公称直径。

3. 一类环境中，设计使用年限为100年的结构最外层钢筋的保护层厚度不应小于表中数值的1.4倍；二、三类环境中，设计使用年限为100年的结构应采取专门的有效措施。

4. 混凝土强度等级不大于C25时，表中保护层厚度数值应增加5 mm。

5. 钢筋混凝土基础宜设置混凝土垫层，基础中钢筋的混凝土保护层厚度应从垫层顶面算起，且不应小于40 mm，无垫层时不应小于70 mm。承台钢筋混凝土保护层厚度尚不应小于桩头嵌入承台内的长度。

　　影响保护层厚度的主要因素是环境类别、构件类型、混凝土强度等级、设计使用年限。混凝土结构应根据设计使用年限和环境类别进行耐久性设计，混凝土结构的耐久性与环境类别有很大关系，《混凝土结构设计规范（2015年版）》（GB 50010－2010）对混凝土结构环境类别规定见表1-5。

表1-5　混凝土结构的环境类别

环境类别	条件
一	室内干燥环境； 无侵蚀性静水浸没环境
二 a	室内潮湿环境； 非严寒和非寒冷地区的露天环境； 非严寒和非寒冷地区与无侵蚀性的水或土壤直接接触的环境； 严寒和寒冷地区的冰冻线以下与无侵蚀性的水或土壤直接接触的环境
二 b	干湿交替环境； 水位频繁变动环境； 严寒和寒冷地区的露天环境； 严寒和寒冷地区冰冻线以上与无侵蚀性的水或土壤直接接触的环境
三 a	严寒和寒冷地区冬季水位变动区环境； 受除冰盐影响环境； 海风环境
三 b	盐渍土环境； 受除冰盐作用环境； 海岸环境
四	海水环境
五	受人为或自然的侵蚀性物质影响的环境

读书笔记

续表

环境类别	条件

注：1. 室内潮湿环境是指构件表面经常处于结露或湿润状态的环境。

2. 严寒和寒冷地区的划分应符合国家现行标准《民用建筑热工设计规范》(GB 50176－2016)的有关规定。

3. 海岸环境和海风环境宜根据当地情况，考虑主导风向及结构所处迎风、背风部位等因素的影响，由调查研究和工程经验确定。

4. 受除冰盐影响环境为受到除冰盐盐雾影响的环境；受除冰盐作用环境是指被除冰盐溶液溅射的环境以及使用除冰盐地区的洗车房、停车楼等建筑。

5. 暴露的环境是指混凝土结构表面所处的环境。

3. 钢筋的锚固长度

为了保证钢筋与混凝土共同受力，它们之间必须要有足够的黏结强度，钢筋在混凝土中还必须有足够的锚固长度，才能保证黏结效果。为了避免纵向钢筋在受力过程中产生滑移，甚至从混凝土中拔出而造成锚固破坏，纵向受力钢筋必须伸过其受力截面一定长度，这个长度称为锚固长度。

学习混凝土结构
一般构造－钢筋锚固

锚固长度根据内容含义不同有四种不同的表达方式：受拉钢筋基本锚固长度 l_{ab}、抗震设计时受拉钢筋基本锚固长度 l_{abE}、受拉钢筋锚固长度 l_a、受拉钢筋抗震锚固长度 l_{aE}，这四种锚固长度之间的关系为：$l_a = \zeta_a l_{ab}$；$l_{abE} = \zeta_{aE} l_{ab}$；$l_{aE} = \zeta_a l_{abE} = \zeta_{aE} l_a$（图 1-8），受拉钢筋的锚固长度 l_a、l_{aE} 计算值不应小于 200 mm。

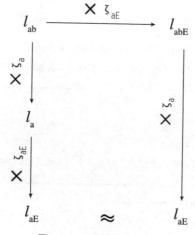

图 1-8　四种锚固长度关系

ζ_a 为受拉钢筋锚固长度修正系数，按表 1-6 进行取值，注意没有特殊锚固条件时，ζ_a 取值为 1.0，即 $l_{abE} = l_{aE}$。

表 1-6 受拉钢筋锚固长度修正系数 ζ_a

锚固条件		ζ_a	备注
带肋钢筋的公称直径大于 25 mm		1.10	
环氧树脂涂层带肋钢筋		1.25	—
施工过程中易受扰动的钢筋		1.10	
锚固区保护层厚度	$3d$	0.80	中间按内插值
	$5d$	0.70	

ζ_{aE} 为抗震锚固长度修正系数，对一、二级抗震等级取 1.15，对三级抗震等级取 1.05，对四级抗震等级取 1.00，注意四级抗震时 $l_{ab}=l_{abE}$，$l_a=l_{aE}$。

受拉钢筋基本锚固长度 l_{ab}、抗震设计时受拉钢筋基本锚固长度 l_{abE}、受拉钢筋锚固长度 l_a、受拉钢筋抗震锚固长度 l_{aE} 分别见表 1-7～表 1-10。

表 1-7 受拉钢筋基本锚固长度 l_{ab}

钢筋种类	混凝土强度等级								
	C20	C25	C30	C35	C40	C45	C50	C55	≥C60
HPB300	$39d$	$34d$	$30d$	$28d$	$25d$	$24d$	$23d$	$22d$	$21d$
HRB335、HRBF335	$38d$	$33d$	$29d$	$27d$	$25d$	$23d$	$22d$	$21d$	$21d$
HRB400、HRBF400、RRB400	—	$40d$	$35d$	$32d$	$29d$	$28d$	$27d$	$26d$	$25d$
HRB500、HRBF500	—	$48d$	$43d$	$39d$	$36d$	$34d$	$32d$	$31d$	$30d$

表 1-8 抗震设计时受拉钢筋基本锚固长度 l_{abE}

钢筋种类		混凝土强度等级								
		C20	C25	C30	C35	C40	C45	C50	C55	≥C60
HPB300	一、二级	$45d$	$39d$	$35d$	$32d$	$29d$	$28d$	$26d$	$25d$	$24d$
	三级	$41d$	$36d$	$32d$	$29d$	$26d$	$25d$	$24d$	$23d$	$22d$
HRB335 HRBF335	一、二级	$44d$	$38d$	$33d$	$31d$	$29d$	$26d$	$25d$	$24d$	$24d$
	三级	$40d$	$35d$	$31d$	$28d$	$26d$	$24d$	$23d$	$22d$	$22d$
HRB400 HRBF400	一、二级	—	$46d$	$40d$	$37d$	$33d$	$32d$	$31d$	$30d$	$29d$
	三级	—	$42d$	$37d$	$34d$	$30d$	$29d$	$28d$	$27d$	$26d$

读书笔记

读书笔记

钢筋种类		混凝土强度等级								
		C20	C25	C30	C35	C40	C45	C50	C55	≥C60
HRB500 HRBF500	一、二级	—	55d	49d	45d	41d	39d	37d	36d	35d
	三级	—	50d	45d	41d	38d	36d	34d	33d	32d

注：1. 四级抗震时，$l_{abE}=l_{ab}$。

2. 当锚固钢筋的保护层厚度不大于5d时，锚固钢筋长度范围内应设置横向构造钢筋，其直径不应小于$d/4$（d为锚固钢筋的最大直径）；对梁、柱等构件间距不应大于5d，对板、墙等构件间距不应大于10d，且均不应大于100 mm（d为锚固钢筋的最小直径）。

表1-9　受拉钢筋锚固长度 l_a

钢筋种类	C20		C25		C30		C35		C40		C45		C50		C55		≥C60	
	d≤25	d>25	d≤25	d>25	d≤25	d>25	d≤25	d>25	d≤25	d>25	d≤25	d>25	d≤25	d>25	d≤25	d>25	d≤25	d>25
HPB300	39d	34d	—	30d	—	28d	—	25d	—	24d	—	23d	—	22d	—	21d	—	
HRB335、HRBF335	38d	33d	—	29d	—	27d	—	25d	—	23d	—	22d	—	21d	—	21d	—	
HRB400、HRBF400、RRB400	—	40d	44d	35d	39d	32d	35d	29d	32d	28d	31d	27d	30d	26d	29d	25d	28d	
HRB500、HRBF500	—	48d	53d	43d	47d	39d	43d	36d	40d	34d	37d	32d	35d	31d	34d	30d	33d	

表1-10　受拉钢筋抗震锚固长度 l_{aE}

钢筋种类及抗震等级		C20		C25		C30		C35		C40		C45		C50		C55		≥C60	
		d≤25	d>25	d≤25	d>25	d≤25	d>25	d≤25	d>25	d≤25	d>25	d≤25	d>25	d≤25	d>25	d≤25	d>25	d≤25	d>25
HPB300	一、二级	45d	39d	—	35d	—	32d	—	29d	—	28d	—	26d	—	25d	—	24d	—	
	三级	41d	36d	—	32d	—	29d	—	26d	—	25d	—	24d	—	23d	—	22d	—	
HRB335、HRBF335	一、二级	44d	38d	—	33d	—	31d	—	29d	—	26d	—	25d	—	24d	—	24d	—	
	三级	40d	35d	—	30d	—	28d	—	26d	—	24d	—	23d	—	22d	—	22d	—	

续表

钢筋种类及抗震等级	混凝土强度等级																	
	C20		C25		C30		C35		C40		C45		C50		C55		≥C60	
	$d\leqslant25$	$d>25$	$d\leqslant25$	$d>25$	$d\leqslant25$	$d>25$	$d\leqslant25$	$d>25$	$d\leqslant25$	$d>25$	$d\leqslant25$	$d>25$	$d\leqslant25$	$d>25$	$d\leqslant25$	$d>25$	$d\leqslant25$	$d>25$
HRB400、HRBF400　一、二级	—		$46d$	$51d$	$40d$	$45d$	$37d$	$40d$	$33d$	$37d$	$32d$	$36d$	$31d$	$35d$	$30d$	$33d$	$29d$	$32d$
三级	—		$42d$	$46d$	$37d$	$41d$	$34d$	$37d$	$30d$	$34d$	$29d$	$33d$	$28d$	$32d$	$27d$	$30d$	$26d$	$29d$
HRB500、HRBF500　一、二级	—		$55d$	$61d$	$49d$	$54d$	$45d$	$49d$	$41d$	$46d$	$39d$	$43d$	$37d$	$40d$	$36d$	$39d$	$35d$	$38d$
三级	—		$50d$	$56d$	$45d$	$49d$	$41d$	$46d$	$38d$	$42d$	$36d$	$39d$	$34d$	$37d$	$33d$	$36d$	$32d$	$35d$

注：1. 当为环氧树脂涂层带肋钢筋时，表中数据尚应乘以 1.25。
　　2. 当纵向受拉钢筋在施工过程中易受扰动时，表中数据尚应乘以 1.1。
　　3. 当锚固长度范围内纵向受力钢筋周边保护层厚度为 $3d$、$5d$（d 为锚固钢筋的直径）时，表中数据可分别乘以 0.8、0.7；中间时按内插值。
　　4. 当纵向受拉普通钢筋锚固长度修正系数（注 1～注 3）多于一项时，可按连乘计算。
　　5. 受拉钢筋的锚固长度 l_a、l_{aE} 计算值不应小于 200 mm。
　　6. 四级抗震时，$l_{aE}=l_a$。
　　7. 当锚固钢筋的保护层厚度不大于 $5d$ 时，锚固钢筋长度范围内应设置横向构造钢筋，其直径不应小于 $d/4$（d 为锚固钢筋的最大直径）；对梁、柱等构件间距不应大于 $5d$，对板、墙等构件间距不应大于 $10d$，且均不应大于 100 mm（d 为锚固钢筋的最小直径）。

4. 钢筋的连接构造

在施工过程中，当构件的钢筋不够长（钢筋定长一般为 9 m）时，钢筋需要连接；当需要采用施工缝或后浇带等构造措施时，也需要连接。

（1）连接方式：钢筋连接可采用绑扎搭接、机械连接（锥螺纹套筒、钢套筒挤压连接等）或焊接连接。

（2）连接位置。在混凝土结构中，受力钢筋的连接接头宜设置在受力较小处，如图 1-9 所示。在同一根受力钢筋上宜少设接头，在结构的重要构件和关键传力部位，纵向受力钢筋不宜设置连接接头。

学习混凝土结构一般
构造-钢筋连接构造

图 1-9　受力钢筋在受力较小处连接

（3）适用范围。轴心受拉及小偏心受拉构件的纵向受力钢筋不得采用绑扎搭接接头；直径大于 25 mm 受拉钢筋及直径大于 28 mm 受压钢筋不宜绑扎搭接接头；纵向受力钢筋连接位置宜避开梁端、柱端箍筋加密区，如必须在此连接时应采用机械连接或焊接。

绑扎搭接是指两根钢筋相互有一定的重叠长度，用钢丝绑扎并通过钢筋与混凝土之间黏结传力的连接方法，适用于较小直径的钢筋连接。对于绑扎搭接接头需要满足以下构造要求：同一构件中相邻纵向受力钢筋的绑扎搭接接头宜相互错开；位于同一连接区段内的受拉钢筋搭接接头面积百分率对梁类、板类及墙类构件不宜大于 25%，对于柱类构件不宜大于 50%（接头面积百分率为该区段内有搭接接头的纵向受力钢筋截面面积与全部纵向受力钢筋截面面积之比）。

同一构件相邻纵向受力钢筋的绑扎搭接、机械连接、焊接接头构造如图 1-10 所示。图中，d 为相互连接两根钢筋中较小直径（受力原则）；同一连接区段长度对于绑扎搭接为 1.3l_l、对于机械连接为 35d、对于焊接为 35d 且≥500 mm；当同一构件同一截面有不同钢筋直径时，取较大直径计算连接区段长度（安全原则）。

图 1-10　同一连接区段内纵向受拉钢筋连接接头构造

绑扎搭接是通过钢筋与混凝土的锚固传力，所以绑扎搭接长度 l_l 与钢筋锚固长度 l_a 直接相关，纵向受拉钢筋绑扎搭接接头的搭接长度 l_l，应根据位于同一连接区段内的钢筋搭接接头面积百分率按下式计算（且不应小于 300 mm），受压钢筋搭接长度不应小于受拉钢筋搭接长度的 0.7 倍（且不应小于 200 mm）。

$$l_l = \zeta_l l_a; \quad l_{lE} = \zeta_l l_{aE}$$

式中，ζ_l 为受拉钢筋搭接长度修正系数（表 1-11）。

表 1-11　受拉钢筋搭接长度修正系数

纵向钢筋搭接接头面积百分率/%	≤25	50	100	注：当纵向钢筋搭接接头面积百分率为表中的中
ζ_l	1.2	1.4	1.6	间值，ζ_l 可按内插取值

课堂检测

1. 下列因素中与普通钢筋混凝土保护层厚度无关的是（　　　）。

　　A. 混凝土强度等级　　　　B. 构件类型　　　　C. 环境类别　　　　D. 荷载大小

【答案】D（试题来源 2017 年全国职业院校技能大赛高职组"建筑工程识图"赛项）。

2. 教材依托的学生公寓楼项目所用钢筋部分如图 1-11 所示，对照图 1-11 中右图钢筋标识牌说出左图中钢筋的上四个方框内钢筋标识的含义？

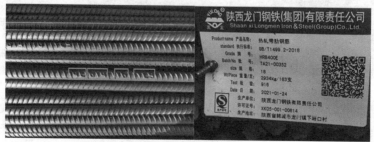

图 1-11　施工现场钢筋和钢筋标识牌

【答案】"4E"是指 HRB400E，屈服强度标准值为 400 N/mm²，具有抗震性能的热轧带肋钢筋；"614"是许可证号的后三位；"18"是指钢筋公称直径大小；"YLg"是厂家禹龙代号。

3. 设计使用年限为 50 年，一类环境的框架梁如图 1-12 所示，混凝土强度等级为 C20，箍筋直径为 8 mm，拉筋直径为 6 mm，梁纵筋直径为 22 mm。梁构件的保护层厚度是多少？梁拉筋、箍筋、纵筋的保护层厚度分别是多少？

【分析】梁构件的保护层厚度即最外层钢筋的外边缘至混凝土外边缘的距离(查表 1-4)；本例中最外侧钢筋为拉筋，拉筋保护层厚度与梁构件的保护层厚度相同，而箍筋、纵筋的保护层厚度要依次加上拉筋、箍筋的直径。

【答案】梁构件的保护层厚度为 25 mm；梁拉筋、箍筋、纵筋的保护层厚度分别为 25 mm、31 mm 和 39 mm。

4. 抗震等级为一级的框架梁，钢筋种类为 HRB400，公称直径为 28 mm，混凝土强度等级 C30，求受拉钢筋抗震锚固长度。

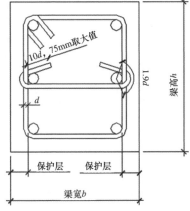

图 1-12　框架梁保护层

【分析】本例要得出受拉钢筋抗震锚固长度 l_{aE}，可以直接查表 1-9 得到该数值，也可以通过查表得到 l_{ab}、l_{abE}、l_a 中的一个值再通过计算得到 l_{aE}，由于表格中的数值都是四舍五入的结果，不同方式得到的 l_{aE} 结果不是精确相等。

【答案】(1)直接查表 1-10，得到 $l_{aE}=45d$；

(2)查表 1-9 得到 $l_a=39d$，$l_{aE}=\zeta_{aE}l_a=1.15\times39d=44.85d$；

(3)查表 1-8 得到 $l_{abE}=40d$，$l_{aE}=\zeta_a l_{abE}=1.1\times40d=44d$；

(4)查表 1-7 得到 $l_{ab}=35d$，$l_{aE}=\zeta_a\zeta_{aE}l_{ab}=1.1\times1.15\times35d=44.275d$。

5. 某工程的抗震等级是二级抗震，框架梁的纵筋是 HRB400 级直径为 20 mm 的钢筋，混凝土强度等级为 C35，该梁钢筋搭接如图 1-13 所示，请计算该梁的纵筋搭接长度。若直径为 20 mm 与直径为 14 mm 的钢筋搭接，搭接长度有变化吗？

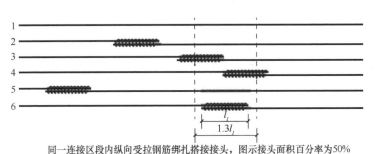

同一连接区段内纵向受拉钢筋绑扎搭接接头，图示接头面积百分率为50%

图 1-13　框架梁纵筋钢筋搭接

【分析】凡搭接接头中点位于 1.3 倍搭接长度内的接头均属于同一连接区段，图示接头面积百分率为 50%；当两种直径的钢筋搭接连接，按受力较小的细直径钢筋考虑承载受力。

【答案】$l_{lE}=\zeta_l l_{aE}=\zeta_l\zeta_a\zeta_{aE}l_{ab}=1.4\times1.0\times1.15\times32d=51.52d$；若直径为 20 mm 与直径为 20 mm 钢筋搭接，d 取 20 mm；若直径为 20 mm 与直径为14 mm钢筋搭接，d 取 14 mm。

读书笔记

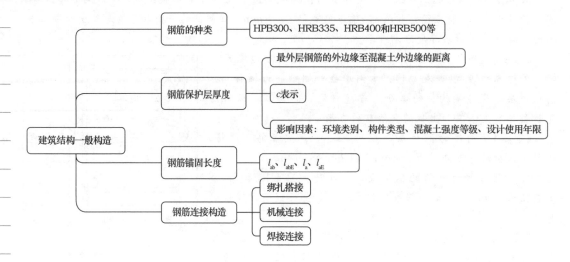

任务3　走进结构施工图平法制图

任务目标

知识目标：熟悉平法的基本概念和基本原理，了解平法相关规范的内容。

能力目标：能准确表达结构施工图平法表示和传统表示的区别；能整理、汇总平法相关规范的适用范围。

素养目标：激发学生学习平法的兴趣和潜心钻研平法的决心，为未来就业奠定基础。

问题导入

什么是平法？与平法相关的规范有哪些？

知识链接

1. 平法的概念

混凝土结构施工图平面整体表示方法（简称平法）的表达方式是把结构构件的尺寸和配筋等，按照平面整体表示方法制图规则，整体直接表达在各类构件的结构平面布置图上，并与标准构造详图相配合，即构成一套新型完整的结构设计图纸。平法改变了传统的将构件从结构平面布置图中索引出来，再逐个绘制配筋图的烦琐方法，如图1-14所示。

**走进结构
施工图平法制图**

山东大学陈青来教授首先提出并创编了混凝土结构施工图平面整体表示方法，"平法"对我国目前混凝土结构施工图的设计表示方法作了重大改革，被国家科委列为《"九五"国家级科技成果重点推广计划》项目(项目编号：97070209A)和建设部列为一九九六年科技成果重点推广项目(项目编号：96008)。

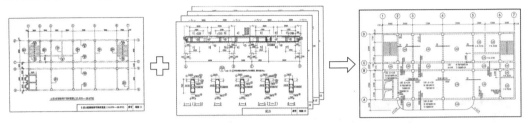

1 张结构平面布置图(中心图)＋N 张构件详图(派生图)→1 张结构平法施工图(完整的设计信息)

图 1-14　平法表示图示

2. 平法的基本原理

陈青来教授创立平法时正在山东省建筑设计院从事结构设计工作，当时正值改革开放初期，设计任务繁重，陈青来教授在大量设计实践中总结出结构设计分为创造性设计内容(如结构体系、材料、构件截面、配筋等)与重复性设计内容(如节点连接、构造措施等)两部分。设计图纸主要反映创造性部分；而重复性部分归纳总结后在构造中进行保证。接下来的问题就是如何去掉重复、减少失误、提高效率和质量。为此陈青来教授就创立了平法制图规则，对应平法图集的第一部分"平法制图规则"，简化了结构施工图创造性设计内容的表达方式，实现了平面整体表示；并归纳总结了相关构造要求，对应平法图集的第二部分"标准构造详图"，该部分重复性设计内容不再在设计图纸中具体表达。

平法的系统构成原理为：视全部设计过程与施工过程为一个完整的主系统。主系统由多个子系统构成，包括基础结构、柱墙结构、梁结构、板结构及楼梯结构。各子系统有明确的层次性、关联性和相对完整性。

(1)层次性：基础(底部支撑体系)、柱墙(竖向支撑体系)、梁(水平支撑体系)、板(平面支撑体系)、楼梯(斜面支撑体系)，均为完整的独立子系统。

(2)关联性：柱墙以基础为支座、梁以柱为支座、板或楼梯以梁为支座，注意支座构件内的箍筋连续通过，如图 1-15 所示。因此，人们看到的平法图纸的出图顺序为基础施工图、柱(墙)施工图、梁施工图、板施工图等。

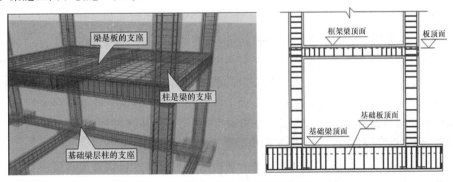

图 1-15　结构构件之间的支座关系

(3)相对完整性：是指在平法施工图中各构件自成体系，可单独表达设计内容。基础自成体系，仅有自身的设计内容而无柱(墙)设计内容；柱墙自成体系，仅有自身的设计内容(包括在支座内的锚固纵筋)而无梁的设计内容；梁自成体系，仅有自身的设计内容(包括在支座内的锚固纵筋)而无板的设计内容；板和楼梯自成体系，仅有板自身的设计内容(包括在支座内的锚固纵筋)。

3. 平法的实用效果

(1)结构设计实现标准化，提高了设计效率和质量。平法采用标准化的制图规则，简化了绘图，使结构施工图表达数字化、符号化，单张图纸信息量大且集中；构件分类明确，层次清晰，表达准确，设计速度快，效率成倍提高。平法使设计者易掌握全局，易进行平衡调整，易修改，易校审，改图可不牵连其他构件，易控制设计质量。平法分结构层设计的图纸与水平逐层施工的顺序完全一致，对标准层可实现单张图纸施工，施工工程师对结构比较容易形成整体概念，有利于施工质量管理。

(2)构造设计实现标准化，保证了构造节点的质量。平法采用标准化的构造详图，形象、直观，施工易懂、易操作。标准构造详图集国内较成熟、可靠的常规节点构造之大成，集中分类归纳后编制成国家建筑标准设计图集供设计选用，可避免构造做法反复抄袭及伴生的设计失误，保证节点构造在设计与施工两个方面均达到高质量。

(3)平法可大幅度降低设计成本，节约了自然资源。平法施工图是有序化、定量化的设计图纸，与其配套使用的标准设计图集可以重复使用，与传统方法相比图纸量减少70%左右，结构设计周期明显缩短，综合设计工日减少2/3以上，大大降低了设计成本，在节约人力资源的同时还节约了自然资源。

(4)平法大幅度提高设计效率，推动人才分布格局的改变。平法大幅度提高设计效率，在设计院结构设计人员在数量上已经低于建筑设计人员，有些设计院结构设计人员仅为建筑设计人员的1/4~1/2，结构设计周期明显缩短，结构设计人员的工作强度已显著降低。平法促进了设计院内的人才竞争，竞争的结果为比较优秀的人才有较多机会进入设计单位，长此以往，可有效提高结构设计队伍的整体素质。平法还促进人才分布格局的改变，实质性地影响了建筑结构领域的人才结构，大量土建类专业毕业生到施工部门择业渐成普遍现象，人才分布趋向合理，大批土建类高级技术人才对施工建设领域的科技进步产生积极作用。

4. 平法的发展历程

1991年10月月初，山东省济宁市工商银行因为要将营业楼的建设纳入本年度的资金使用计划，要求山东省建筑设计研究院必须在三个月内完成设计。按照惯例，即使是最优秀的设计师平均每天最多也只能完成100平方米的工作量，也就是说需要160天才能完成。陈青来在看过对方提供的各项资料后，感到这是实践平法的一次良机。他不仅欣然接受了任务，并承诺能够按时完成任务，但他向有关方面提出了一个要求"不得干涉我使用哪种方法"，他利用自创的已经思考成熟的"平法"进行操作，在40天的时间陈青来如期完成任务。

一位负责图纸审核、1958年毕业于同济大学的高级工程师发现只有薄薄的一沓图纸，只有正常图纸数量的1/3，且运用的方式与以往的截然不同，感到不同寻常，便更加认真地审核，但几乎未发现"错、漏、碰、缺"，高兴之余这位老工程师赞扬道："真是天衣无缝！"

1994 年底，陈青来受北京有关部门邀请为在京的一百所中央、地方和部队大型设计院做平法讲座，首场便引起轰动效应。

1995 年 8 月 8 日，一篇题为《结构设计的一次飞跃》的文章在《中国建设报》头版显著位置刊登，在我国建筑界产生了强烈的反响。因为，在文章刊登的 10 天前刚通过建设部科技成果鉴定的"建筑结构施工图平面整体设计方法"，与传统方法相比可使图纸量减少 65％～80％；若以工程数量计，这相当于使绘图仪的寿命提高三四倍；而设计质量通病也大幅度减少；以往施工中逐层验收梁的钢筋时需反复查阅大宗图纸，现在只要一张图就包括了一层梁的全部数据，因此，大受施工和监理人员的欢迎。

（1）第一阶段：平法的萌芽。

1）1996 年 7 月 17 日，第一本平法图集 96G101 出版。

2）2000 年 7 月 17 日，00G101 出版。

96G101 与 00G101 都只有一本图集，只包括现浇混凝土框架、剪力墙、框架-剪力墙、框支剪力墙结构，比较粗糙和简陋，但基本建立平法体系的基本框架，后续的图集都是在此基础上不断发展与进化。

（2）第二阶段：平法的发展。

1）2003 年 1 月，03G101－1 图集（修正版）出版，包括现浇混凝土框架、剪力墙、框架-剪力墙、框支剪力墙结构。

2）2003 年 7 月，03G101－2 图集出版，包括楼梯。

3）2004 年 2 月，04G101－3 图集出版，包括基础梁、筏形基础。

4）2004 年 11 月，04G101－4 图集出版，包括现浇楼面板和屋面板。

5）2006 年 9 月，06G101－6 图集出版，包括独立基础、条形基础、桩承台。

6）2008 年 9 月，08G101－5 图集出版，包括箱形基础和地下结构。

7）2008 年 12 月，08G101－11 图集出版，为 G101 系列图集常见问题答疑图解。

上述图集都属于 03G101 系列，G901 系列图集为混凝土结构施工钢筋排布规则与构造详图，与 G101 系列图集配合使用。2006 年 12 月，06G901－1 图集出版；2009 年 6 月－9 月，09G901－2、09G901－3、09G901－4、09G901－5 图集陆续出版。

（3）第三阶段：平法的整合。

1）2011 年 9 月，11G101－1、11G101－2、11G101－3 图集出版，11G101－1 包括现浇混凝土框架、剪力墙、梁和板；11G101－2 包括楼梯；11G101－3 包括独立基础、条形基础、筏形基础及桩承台。

2）2012 年 11 月，12G901－1、12G901－2、12G901－3 图集出版，为混凝土结构施工钢筋排布规则与构造详图，与 11G101－1、11G101－2、11G101－3 图集配合使用。

3）2013 年 9 月，13G101－11 图集出版，为 G101 系列图集常见问题答疑图解。

4）2016 年 9 月，16G101－1、16G101－2、16G101－3 图集出版，体系与 11G101 相同，基本上已囊括所有常见的构件。

5）2017 年 9 月，17G101－11 图集出版，为 G101 系列图集常见问题答疑图解。

6）2018 年 6 月，18G901－1、18G901－2、18G901－3 图集出版，为混凝土结构施工钢筋排布规则与构造详图，与 16G101－1、16G101－2、16G101－3 图集配合使用，如图 1-16 所示。

图 1-16   目前正在使用的 16G101 和 18G901 系列图集

任务4   综合识读学生公寓结构设计总说明

任务引入

根据学生公寓楼案例图纸，完成结构设计总说明识读。

任务实施

结构设计总说明是结构施工图的纲领性文件，是根据现行相关规范要求，结合工程结构实际情况，将设计依据、材料要求、选用标准图集和施工特殊要求等以文字表达方式为主的设计文件。结构设计总说明是对结构施工图纸的补充，很多文字说明又恰恰是图样无法表达的内容，对标准图集的一些变更也要在说明中予以交代。

综合识读结构
设计总说明

因此，要逐条认真阅读结构设计总说明，并结合后面的施工图纸加以全面理解，识读步骤如下：

(1)熟悉本工程的结构概况：结构类型、工程抗震设防烈度、结构构件的抗震等级、基础类型、砌体结构施工质量控制等级等。

(2)熟悉本工程所采用的材料：混凝土强度等级、钢筋的种类、块材的种类和砌筑砂浆的强度等级等。

(3)熟悉本工程的构造和施工要求：各类构件钢筋保护层的厚度，钢筋连接要求，承重结构与非承重结构的连接要求，施工顺序、质量标准的要求，后浇带的施工要求，与其他工种的配合要求等。

(4)熟悉本工程所采用的标准图。

任务工单

任务名称	综合识读学生公寓结构设计总说明
实训任务描述	(1)实训项目介绍：根据学生公寓楼案例图纸，完成结构设计总说明识读。 (2)实训项目目标。 1)掌握标准图集《混凝土结构施工图平面整体表示方法制图规则和构造详图(现浇混凝土框架、剪力墙、梁、板)》(16G101－1)中标准构造详图中一般构造的相关规定； 2)识读结构设计总说明，提交本工程的结构基本信息、一般构造要求等识图成果
实训准备	(1)知识准备：已学《建筑识图与构造》相关知识。 (2)资料准备：学生公寓施工图、标准图集《混凝土结构施工图平面整体表示方法制图规则和构造详图(现浇混凝土框架、剪力墙、梁、板)》(16G101－1)
学生提交资料	提交本工程的结构基本信息、一般构造要求等识图成果
考评方案与标准	(1)考评方案。 按职业态度(20%)、实训过程(40%)和实训结果(40%)三方面考核。 (2)考评标准。 1)职业态度(20%)。 ①有认真、严谨的态度(70分)。 ②按时完成实训任务，不早退，不随意旷课(30分)。 2)实训过程(40%)。 ①参与任务讨论的积极性(50分)。 ②任务准备的充分性，课堂回答问题的积极性(50分)。 3)实训结果(40%)。 ①本工程的结构基本信息表达准确、完整(40分)。 ②本工程的一般构造要求表达正确、规范(60分)
识图训练	1. 关于本工程的说法中，下列不正确的是(　　　)。 　A. 施工中，禁止采用现场搅拌混凝土，应采用预拌混凝土 　B. 吊钩、吊环均采用 HPB300 级钢筋或 Q235B 钢制作，严禁采用冷加工钢筋 　C. 当梁侧边与柱侧边齐平时，梁外侧纵向钢筋应在柱附近按1∶12自然弯折，且从柱纵筋内侧通过或锚固 　D. 与柱(包括梯柱)相连的梯梁按非框架梁构造；梯柱按框架柱构造 2. 本工程学生宿舍楼面活荷载取值为(　　　)kN/m²。 　A. 2.0　　　　　　　　　　　B. 3.5 　C. 2.5　　　　　　　　　　　D. 7.0 3. 本工程±0.000 以下墙体，采用(　　　)。 　A. 蒸压加气混凝土砌块　　　　B. 蒸压灰砂砖 　C. 小型混凝土空心砌块　　　　D. 多孔砖

任务名称	综合识读学生公寓结构设计总说明
识图训练	4. 本工程关于混凝土构件施工的说法，下列正确的是(　　)。 　A. 悬挑构件须待上一层结构完工且混凝土强度达到 70% 后方可拆除底模 　B. 对跨度不小于 4 m 的现浇钢筋混凝土梁、板应按要求起拱，起拱高度宜为跨度的 0.4% 　C. 构造柱应在本层砌体砌筑完成后进行，不得与主体结构同时施工 　D. 屋面板采用蓄水或湿盖养护，并不得少于 7 天 5. 本工程关于钢筋连接的说法，下列不正确的是(　　)。 　A. 梁板纵筋当 $d \geqslant 16$ 时应采用机械连接 　B. 混凝土结构中受力钢筋的连接接头宜设置在受力较小部位 　C. 框架梁纵向受力钢筋可以在梁端箍筋加密区内设连接接头 　D. 轴心受拉及小偏心受拉杆件的纵向受拉钢筋不得采用绑扎搭接 6. 本工程的结构形式为(　　)。 　A. 异形柱框架-剪力墙结构　　　　B. 框架结构 　C. 剪力墙结构　　　　　　　　　D. 框架-剪力墙结构

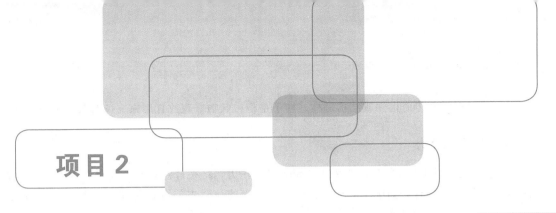

项目 2

识读柱平法施工图与绘制柱配筋构造详图

柱是建筑结构中承受轴向压力为主的构件，本项目通过柱平法施工图实际案例，让学生掌握柱平法表示的规定，熟知基本的柱节点配筋及构造要求，能够灵活应用CAD表达柱节点构造详图。

任务1　认知柱构件与钢筋

任务2　学习柱钢筋平法表示规则

任务3　绘制学生公寓柱配筋构造详图

任务4　综合识读学生公寓柱平法施工图

任务1　认知柱构件与钢筋

任务 目标

知识目标： 熟悉钢筋混凝土柱的分类，掌握柱内配筋的种类和作用。

能力目标： 能准确并完整地说出钢筋混凝土柱和柱内钢筋的分类与特点。

素养目标： 培养学生的学习兴趣从而热爱自己的专业，通过小组讨论和协作形成团队合作精神。

问题 导入

在房屋构造组成中，柱子承担了什么样的角色？

知识 链接

建筑物的空间需要高度方向的尺度，应有相应的构件形成建筑物的空间高度要求，能承担其他构件的向下的荷载，并将其向下传递至基础。满足上述需要的构件与结构即垂直传力构件与结构。常见的垂直传力构件或结构是柱。柱子是将棒状物竖直放置用来支撑荷载的一种构件。

1. 柱按类别分类

(1)框架柱。框架柱在框架结构中主要承受竖向压力,将来自框架的荷载向下传输,是框架结构中承力最大的构件,如图 2-1 所示。框架柱承受的荷载主要有自身荷载、上部构件荷载、活荷载(设备、家具等位置移动)、流动荷载(人员流动)、外力荷载(风、地震、雨雪等)等。

认知柱
构件与钢筋

图 2-1　框架柱

(2)转换柱。因建筑功能的特殊要求,下部大空间,上部部分竖向构件不能直接连续贯通落地,而通过水平转换结构与下部竖向构件连接。当布置的转换梁支撑上部的剪力墙时,支撑框支梁的柱子就叫作转换柱,如图 2-2 所示。

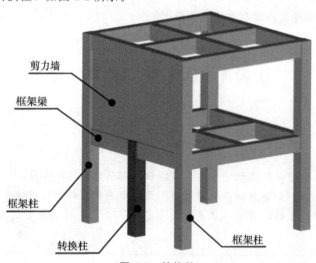

图 2-2　转换柱

(3)芯柱。芯柱不是一根独立的柱子,在建筑外表是看不到的,隐藏在柱内。当柱截面较大时,由设计人员计算柱的承力情况,当外侧一圈钢筋不能满足承力要求时,在柱中再设置一圈纵筋。由柱内内侧钢筋围成的柱称为芯柱,如图 2-3 所示。

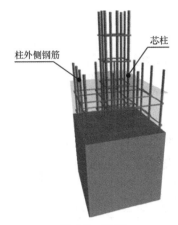

图 2-3 芯柱

(4)梁上柱。柱的生根不在基础而在梁上的柱称为梁上柱，如图 2-4 所示。梁上柱主要出现在建筑物上下结构或建筑布局发生变化时。

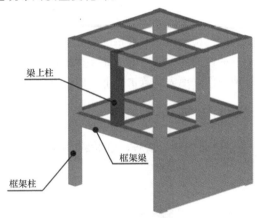

图 2-4 梁上柱

(5)剪力墙上柱。柱的生根不在基础而在墙上的柱称为墙上柱，如图 2-5 所示。剪力墙上柱主要出现在建筑物上下结构或建筑布局发生变化时。

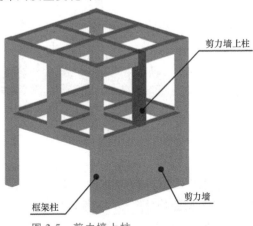

图 2-5 剪力墙上柱

2. 柱按位置分类

柱按位置可分为角柱、边柱和中柱，如图 2-6 所示。

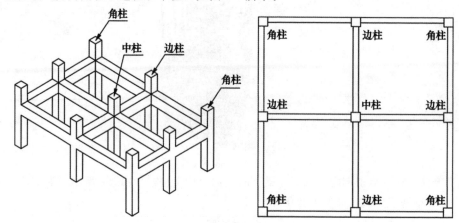

图 2-6　柱按位置分类

(1)角柱。角柱位于框架结构的外围大角，一般情况下只有两个方向的梁以它为支座。

(2)边柱。边柱位于框架结构的四周，一般情况下此类型柱有三个方向的梁以它作为支座。

(3)中柱。中柱处于框架结构中间，绝大多数情况下，四个方向均有梁以此柱作为支座。

3. 柱内钢筋种类

柱内通常配置两类钢筋，包括纵向钢筋与箍筋，如图 2-7 所示。

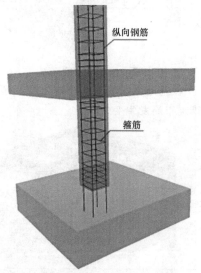

图 2-7　柱内钢筋示意

(1)纵向钢筋。协助混凝土承受压力，以减小构件尺寸；承受可能的弯矩，以及混凝土收缩和温度变形引起的拉应力；防止构件突然的脆性破坏。

(2)箍筋。保证纵向钢筋的位置正确，防止纵向钢筋压屈，从而提高柱的承载能力。

课堂检测

1. 柱内的钢筋种类可以分为 _____ 和 _____ 两类。
2. 如何区分角柱、边柱与中柱？

思维导图总结

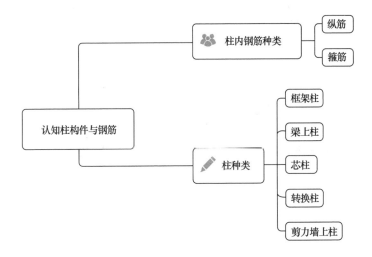

任务 2 学习柱钢筋平法表示规则

任务目标

知识目标：掌握柱平法施工图列表表示方法和截面表示方法。

能力目标：能准确识读柱平法施工图。

素养目标：通过制图规范的学习，树立严格遵守国家规范标准的意识和严谨、负责的工作习惯。

任务 2.1 柱截面表示法

案例导入

按照标准图集的规定，完成图 2-8 的柱钢筋平法施工图的识读。

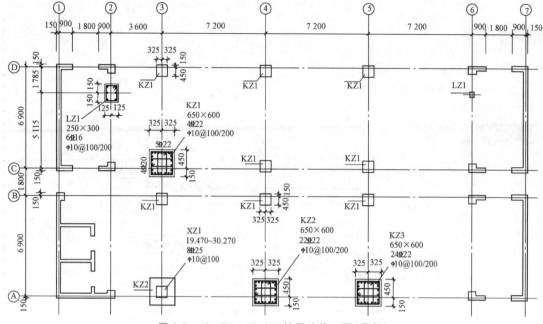

图 2-8　19.470～37.470 柱平法施工图（局部）

知识链接

　　柱截面注写方式是在标准层绘制的柱平面布置图上，分别在同一编号的柱中选择一个截面，以直接注写截面尺寸和配筋具体数值的方式来表达柱平法施工图，如图 2-9 所示。

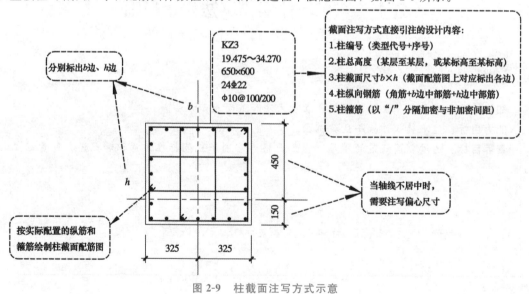

图 2-9　柱截面注写方式示意

1. 柱编号

　　柱编号由柱类型代号和序号组成，见表 2-1。

表 2-1　柱编号

柱类型	代号	序号	备注
框架柱	KZ	××	柱根部嵌固在基础或地下结构上，并与框架梁相连
转换柱	ZHZ	××	柱根部嵌固在基础或地下结构上，并与框支梁相连，框支结构以上转换为剪力墙结构
芯柱	XZ	××	设置在框架柱、框支柱等竖向构件中心，起到加强的作用
梁上柱	LZ	××	支撑在梁上的柱
剪力墙上柱	QZ	××	支撑在剪力墙上的柱
注：编号时，当柱的总高、分段截面尺寸和配筋均对应相同，仅截面与轴线的关系不同时，仍可将其编为同一柱号，但应在图中注明截面与轴线的关系。			

2. 柱高度

各段柱的起止标高，自柱根部往上以变截面位置或截面未变但配筋改变处为界分段注写。

3. 截面尺寸

矩形截面注写为 $b×h$，规定截面的横边为 b 边（与 x 向平行），竖边为 h 边（与 y 向平行）。

学习柱钢筋
平法表示规则

4. 柱纵向钢筋

柱纵向钢筋在柱截面图中用实心圆点表示，钢筋符号前的数值表示钢筋根数，钢筋符号后的数值表示钢筋直径。

5. 柱箍筋

柱箍筋在柱截面图中用加粗的线条表示，"@"表示箍筋的间隔，"/"表示加密与非加密区箍筋之间的间距。

课堂检测

1. 图 2-8 所示的柱钢筋平法施工图表示竖向空间中哪一段柱平法施工图？

2. 图 2-8 所示的柱钢筋平法施工图中有几种类型的柱？分别在平面布局中的什么位置？

3. 说出图 2-8 所示的柱钢筋平法施工图中每一种类型的柱平法信息。

思维导图总结

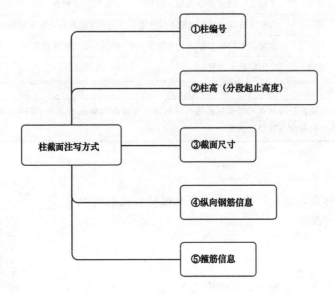

①柱编号

②柱高（分段起止高度）

柱截面注写方式 ③截面尺寸

④纵向钢筋信息

⑤箍筋信息

任务 2.2　柱列表表示法

案例导入

按照标准图集的规定，完成图 2-10 所示的柱钢筋平法施工图的识读。

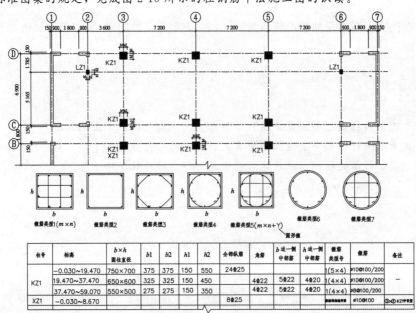

柱号	标高	b×h 圆柱直径	b1	b2	h1	h2	全部纵筋	角筋	b边一侧中部筋	h边一侧中部筋	箍筋类型号	箍筋	备注
KZ1	-0.030~19.470	750×700	375	375	150	550	24Φ25				1(5×4)	Φ10@100/200	—
	19.470~37.470	650×600	325	325	150	450		4Φ22	5Φ22	4Φ20	1(4×4)	Φ10@100/200	
	37.470~59.070	550×500	275	275	150	350		4Φ22	5Φ22	4Φ20	1(4×4)	Φ8@100/200	
XZ1	-0.030~8.670						8Φ25				按标准构造详图	Φ10@100	③×⑧ KZ1中设置

图 2-10　-0.30~59.070 柱钢筋平法施工图(局部)

知识链接

列表注写方式是在柱平面布置图上，分别在同一编号的柱中选择一个截面标注几何参数代号，在柱表中注写柱编号、几何要素和配筋要素三个部分的内容，如图 2-11 所示。具体包括柱编号、柱段起止标高、几何尺寸与配筋的具体数值，并配以各种柱截面形状及其箍筋类型图的方式来表达柱平法施工图。

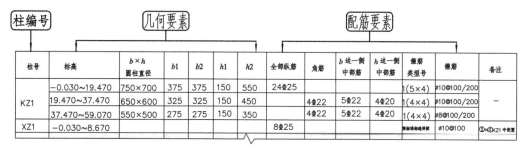

柱号	标高	$b×h$ 圆柱直径	$b1$	$b2$	$h1$	$h2$	全部纵筋	角筋	b边一侧中部筋	h边一侧中部筋	箍筋类型号	箍筋	备注
KZ1	−0.030～19.470	750×700	375	375	150	550	24Φ25				1(5×4)	Φ10@100/200	
	19.470～37.470	650×600	325	325	150	450		4Φ22	5Φ22	4Φ20	1(4×4)	Φ10@100/200	−
	37.470～59.070	550×500	275	275	150	350		4Φ22	5Φ22	4Φ20	1(4×4)	Φ8@100/200	
XZ1	−0.030～8.670						8Φ25				按标准构造详图	Φ10@100	⑤×⑥KZ1 中设置

图 2-11　柱列表注写示意

1. XZ 箍筋的表达

芯柱的表达内容包括柱编号、柱段起止标高与配筋的具体数值，括号内的信息表示框架柱核心区的箍筋信息，如图 2-12 所示。芯柱的截面尺寸由它所在的框架柱的截面尺寸决定，b 边和 h 边分别为框架柱 b 边和 h 边的 1/3 与 250 二者取大值。

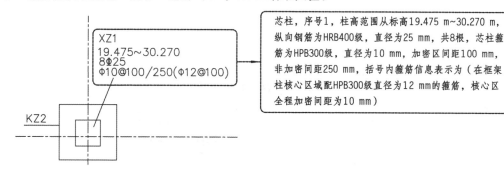

图 2-12　芯柱平法表示示意

2. 复合箍筋的肢数

框架柱的箍筋分两种情况，一种是只由截面周边的封闭箍（外箍）构成，称为非复合箍；另一种是由外箍和若干个小箍组成，称为复合箍。框架柱的箍筋按不同的组合又可分为七种类型，矩形截面柱的常见箍筋类型为类型 1[其他箍筋类型详见《混凝土结构施工图平面整体表示方法制图规则和结构造详图（现浇混凝土框架、剪力墙、梁、板）》(16G101−1)相关内容]，用 $m×n$ 表示两向箍筋肢数的多种不同组合，其中 m 为 b 边上的肢数，n 为 h 边上的肢数，如图 2-13 所示。

读书笔记

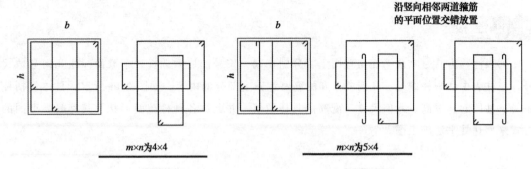

图 2-13　复合箍筋类型 1

课堂检测

1. 图 2-10 所示的柱钢筋平法施工图中有几种类型的柱？分别在平面布局中的什么位置？

2. 图 2-10 所示的柱钢筋平法施工图中 KZ1 在不同的标高段有什么区别？

3. 绘制出图 2-10 所示的柱钢筋平法施工图中 KZ1 在不同标高段的横截面图。

思维导图总结

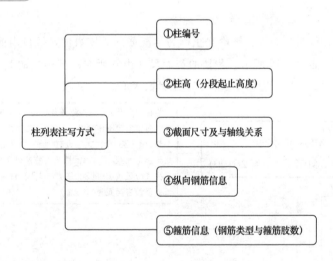

任务 3　绘制学生公寓柱配筋构造详图

任务目标

知识目标：掌握标准图集中柱钢筋常用构造，熟练掌握 CAD 绘图的方法。

能力目标：能根据图纸信息灵活应用构造节点，能使用 CAD 软件表达柱配筋构造详图。

素养目标：通过 CAD 软件完成绘制施工图的任务，增强动手能力，培养学生一丝不苟、精益求精的工匠精神。

任务导入

根据学生公寓楼结构施工图，绘制①轴与⑧轴相交处 KZ7 从基础底～0.800 标高范围内柱配筋的纵剖面图，绘图所需信息可通过识图在结构施工图中获取，出图比例为 1∶50。钢筋采用线宽为 25 mm 的多段线绘制。注：首层柱高按照从基础顶到－0.050 m 计算，二层柱高按照从－0.050 m 到 3.550 m 计算，框架抗震等级为四级，二层梁高为 700 mm，三层梁高为 700 mm，结构嵌固部位为基础顶面，柱纵筋连接方式采用机械连接。

知识链接

1. 柱钢筋在基础中的构造要求

图集对柱在基础中的钢筋构造要求主要包含两个方面：一是柱纵筋在基础中的锚固要求，二是柱箍筋在基础中的构造要求，如图 2-14 所示。

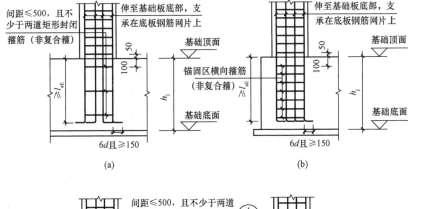

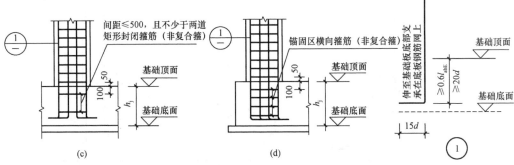

图 2-14　柱在基础中的钢筋构造

(1)柱纵筋在基础中弯折长度取值：$h_j > l_{aE}(l_a)$，弯折长度＝$\max(150，6d)$；$h_j \leqslant l_{aE}(l_a)$，弯折长度＝15$d$。

(2)柱在基础内箍筋要求：纵筋外(不含弯折段)混凝土厚度≤5d，箍筋间距＝$\min(10d，100)$（注：d 为插筋最小直径）；纵筋外(不含弯折段)混凝土厚度>5d，箍筋间距≤500 mm 且不少于 2 根；柱在基础内的箍筋是非复合箍筋，箍筋在基础顶面上起步为 50 mm，基础顶面下起步为 100 mm。

绘制学生公寓柱配筋构造详图－柱配筋构造要求

2. 柱纵筋在柱中的构造要求

柱钢筋在柱中的构造根据钢筋连接方式的不同各有区别，分为三种情况，即绑扎搭接时钢筋连接的构造要求、机械连接时钢筋连接的构造要求及焊接连接时钢筋连接的构造要求。图集对柱纵筋在柱中的构造要求主要包括两个方面：一方面是钢筋接头的错开距离的构造要求；二是非连接区的构造要求，如图 2-15 所示。

（1）钢筋连接位置是嵌固部位上≥$H_n/3$ 处连接，H_n 为所在楼层的柱净高。

（2）每层钢筋连接位置（除嵌固部位外），距楼面及梁底≥$\max(H_n/6, h_c, 500)$ 连接，h_c 为柱长边尺寸（圆柱为截面直径）。

（3）柱相邻纵向钢筋连接接头相互错开，隔一错一，在同一截面内钢筋面积百分率不宜大于 50%，错开的距离为机械连接≥$35d$，焊接连接≥$(35d, 500)$，搭接连接为中心≥$1.3l_{lE}$。

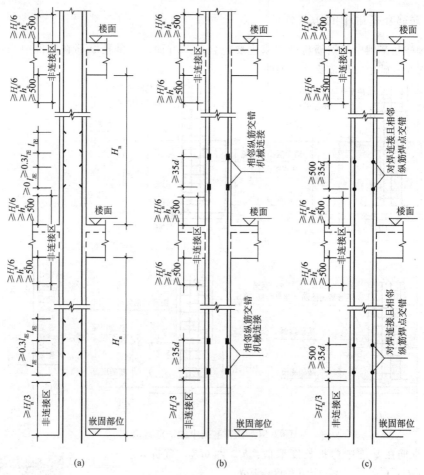

(a) (b) (c)

图 2-15　柱纵筋在柱中的构造

注：当基层连接区的高度小于纵筋分两批搭接所需要的高度时，应改用机械连接或焊接连接。

嵌固部位一般位于底层柱根部，是上部结构与基础的分界部位。根据震害表明，嵌固部位处建筑物承受较大的剪力，极易发生剪切破坏，造成建筑物倒塌，因此要加强这个部位的抗剪构造措施，增强柱嵌固端抗剪能力。在竖向构件（柱、墙）平法施工图中，上部结构嵌固部位按以下要求注明：

(1)框架柱嵌固部位在基础顶面时，无须注明。

(2)框架柱嵌固部位不在基础顶面时，在层高表嵌固部位标高下使用双细线注明，并在层高表下注明上部嵌固部位标高。

(3)框架柱嵌固部位不在地下室顶板，考虑地下室顶板对上部结构实际存在嵌固作用时，在层高表地下室顶板标高下使用双虚线注明。

3. 柱中箍筋的构造要求

柱中箍筋的构造要求主要包括区分箍筋的加密区与非加密区的范围，如图 2-16 所示。柱下端为嵌固部位时，箍筋加密区为 $H_n/3$。柱与梁连接节点范围内及节点上下 $\max(H_n/6,\ h_c,\ 500)$，绑扎搭接范围为 $1.3l_l$，设计全部加密范围，其余为非加密范围。

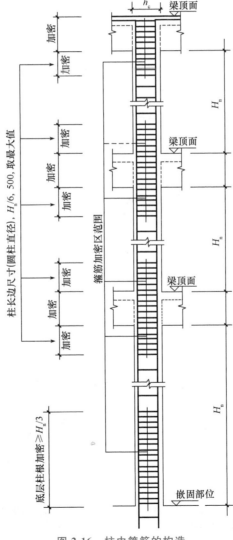

图 2-16　柱中箍筋的构造

任务分析

(1)绘制定位轴线，绘制构件轮廓线，如图 2-17 所示。

(2)通过计算确定基础插筋锚固形式及非连接区长度(箍筋加密区长度)，利用多段线绘制基础插筋范围内纵筋及箍筋，如图 2-18 所示。

(3)计算钢筋连接区错开距离，绘制柱纵筋机械连接点，如图 2-19 所示。

(4)计算底层柱顶钢筋非连接区长度及二层柱底非连接区长度。绘制柱身纵筋及箍筋，如图 2-20 所示。

(5)整理图形，完善尺寸标注、配筋、图名、比例等信息，如图 2-21 所示。

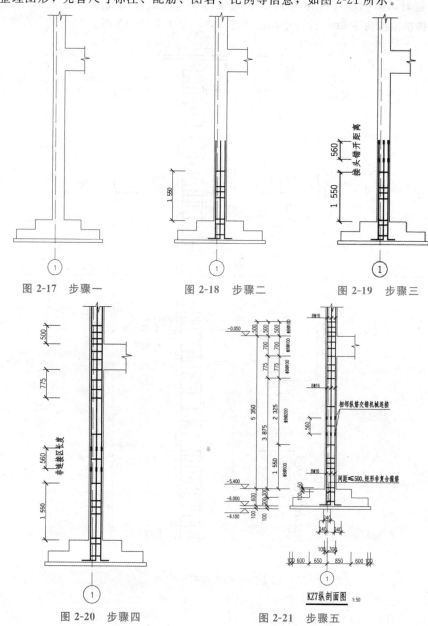

图 2-17　步骤一　　　　图 2-18　步骤二　　　　图 2-19　步骤三

图 2-20　步骤四　　　　图 2-21　步骤五

任务 4　综合识读学生公寓柱平法施工图

任务引入

根据学生公寓楼案例图纸，完成柱构件的信息采集表。

任务实施

柱平面布置图的主要功能是表达竖向构件。当主体结构为框架-剪力墙结构时，柱平面布置图通常与剪力墙平面布置图合并绘制。设计者可以采用截面注写方式或列表注写方式，在柱平面布置图上表达柱的设计信息，所有柱的设计内容可以在一张图纸上全部表达清楚。

（1）查看图名、比例。

（2）校核轴线编号及其间距尺寸，要求必须与建筑图、基础平面图保持一致。

（3）与建筑图配合，明确各柱的编号、数量和位置。

（4）阅读结构设计总说明或有关说明，明确柱的混凝土强度等级。

（5）根据各柱的编号，查阅图中截面标注或柱表，明确柱的标高、截面尺寸、配筋情况。

柱平法施工图
识读步骤

任务工单

读书笔记

任务名称	综合识读学生公寓柱平法施工图
实训任务描述	（1）实训项目介绍：根据学生公寓楼案例图纸，完成柱构件的信息采集表。 （2）实训项目目标。 1）掌握标准图集《混凝土结构施工图平面整体表示方法制图规则和构造详图（现浇混凝土框架、剪力墙、梁、板）》(16G101－1)中柱列表表示相关规定； 2）掌握标准图集《混凝土结构施工图平面整体表示方法制图规则和构造详图（现浇混凝土框架、剪力墙、梁、板）》(16G101－1)中柱截面表示相关规定； 3）识读框架柱钢筋布置图，提交框架柱识图成果
实训准备	（1）知识准备：已学《建筑识图与构造》相关知识； （2）资料准备：学生公寓施工图、标准图集《混凝土结构施工图平面整体表示方法制图规则和构造详图（现浇混凝土框架、剪力墙、梁、板）》(16G101－1)
学生提交资料	提交框架柱识图成果

任务名称	综合识读学生公寓柱平法施工图
考评方案与标准	(1)考评方案。 按职业态度(20%)、实训过程(40%)、实训结果(40%)三方面考核。 (2)考评标准。 1)职业态度(20%)。 ①有认真、严谨的态度(70分)。 ②按时完成实训任务,不早退,不随意旷课(30分) 2)实训过程(40%)。 ①参与任务讨论的积极性(50分)。 ②任务准备的充分性,课堂回答问题的积极性(50分)。 (3)实训结果(40%)。 ①框架柱轴线位置准确(10分)。 ②框架柱信息列表填写准确,无遗漏(40分)。 ③框架柱截面注写正确,无遗漏(40分)。 ④识图成果正确,信息完整(10分)
识图训练	1. 本工程四～六层柱的混凝土强度等级为(　　)。 　A. C35　　　　B. C30　　　　C. C15　　　　D. C25 2. 柱平法施工图中⑧轴交Ⓐ轴处 KZ-3,四～五层标高范围内柱顶箍筋加密区的长度不应小于(　　)mm。 　A. 500　　　　B. 450　　　　C. 400　　　　D. 800 3. KZ2 在标高 7.150～10.750 范围内,角部钢筋的直径为(　　)mm。 　A. 20　　　　B. 22　　　　C. 18　　　　D. 25 4. 本工程构造柱混凝土强度等级为(　　),柱内纵筋为(　　)。 　A. C25;2Φ14　B. C25;4Φ12　C. C30;4Φ10　D. C30;4Φ12 5. 本工程 KZ10 在标高 17.950～22.903 范围内的箍筋肢数为(　　)。 　A. 3×3　　　　B. 5×4　　　　C. 4×3　　　　D. 3×4 6. 关于本工程的说法,下列不正确的是(　　)。 　A. 梁柱节点处,当柱混凝土强度等级高于楼层梁板时,梁柱节点处的混凝土应按柱混凝土强度等级单独浇筑 　B. 柱的纵筋不应与箍筋、拉筋及预埋件等焊接 　C. 柱子箍筋一般为非复合箍 　D. 当柱净高 H_n 与柱截面长边尺寸之比≤4时,该高度范围内柱箍筋全长加密

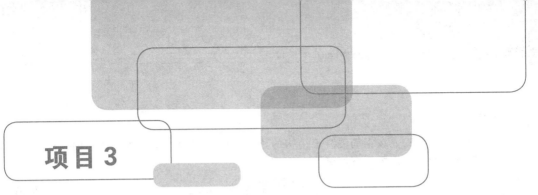

项目 3

识读梁平法施工图与绘制梁配筋构造详图

项目描述

梁是房屋结构中重要的水平构件，它对楼板起水平支撑作用，同时，又起到将竖向荷载传递到墙或柱的作用。本项目通过梁平法施工图实际案例，让学生掌握梁平法表示的规定，熟知梁基本的节点配筋及构造要求，能够灵活应用 CAD 表达梁节点构造详图。

任务 1　认知梁构件与钢筋

任务 2　学习梁钢筋平法表示规则

任务 3　绘制学生公寓梁配筋构造详图

任务 4　综合识读学生公寓梁平法施工图

任务 1　认知梁构件与钢筋

任务目标

知识目标：熟悉钢筋混凝土梁的分类，掌握梁内配筋的种类和作用。

能力目标：能准确并完整地说出钢筋混凝土梁和梁内钢筋的分类与特点。

素养目标：培养学生学习专业的兴趣和对职业的认同感；通过小组讨论和协作形成团队合作精神。

问题导入

在房屋构造组成中，梁承担了什么样的角色？

知识链接

梁是建筑结构中一种水平受弯构件，主要承受楼板和梁上的其他构件所传递的荷载。

1. 梁的分类

(1)框架梁(图3-1)。在钢筋混凝土结构的建筑竖向空间中,位于各个楼层的梁就是楼层框架梁,位于顶层的梁叫作屋面框架梁。

梁构件与钢筋

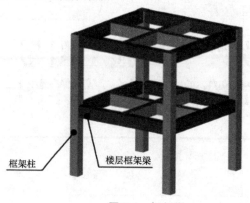

图 3-1　框架梁

(2)框支梁与托柱转换梁。因为建筑功能要求,上部部分竖向构件不能直接连续贯通落地,而是需要通过水平转换结构与下部竖向构件连接,当布置的转换梁支撑上部的剪力墙时,转换梁叫作框支梁;当布置的转换梁支撑上部的框架柱时,转换梁叫作托柱转换梁,如图3-2所示。

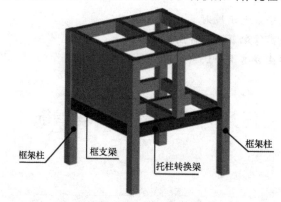

图 3-2　框支梁与托柱转换梁

(3)非框架梁。在框架结构中,框架梁之间设置的将楼板的荷载先传递给框架梁的其他梁就是非框架梁。非框架梁以框架梁为支座,如图3-3所示。

图 3-3　非框架梁

(4)悬挑梁。一端嵌固于结构支座上，另一端作为自由端向外伸出的梁叫作悬挑梁，梁上部需配置通长钢筋，下部根据需要可配置构造钢筋或受力钢筋，如图 3-4 所示。

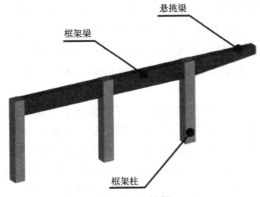

图 3-4　悬挑梁

(5)井字梁。井字梁就是不分主次，高度相当的梁，同位相交，呈井字形。这种梁一般用在楼板是正方形或长宽比小于 1.5 的矩形楼板，梁间距为 3 m 左右，是由同一平面内相互正交或斜交的梁所组成的结构构件，如图 3-5 所示。

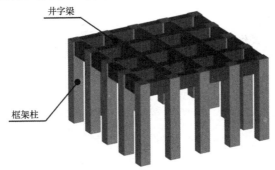

图 3-5　井字梁

2. 梁内钢筋种类

梁内的钢筋在不同位置上的名称和作用均不同。梁内钢筋示意如图 3-6 所示。

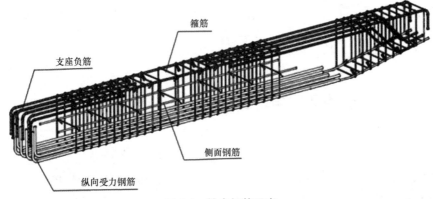

图 3-6　梁内钢筋示意

(1)纵向受力钢筋。纵向受力钢筋的主要作用是承受外力作用下梁内产生的拉力，配置在梁的受拉区。

读书笔记

(2)架立筋。架立筋的主要作用是固定箍筋的位置，并构成梁的钢筋骨架，承受因温度变化、混凝土收缩等而产生的拉力，防止产生裂缝。

(3)箍筋。箍筋是将上部和下部的钢筋固定起来，抵抗剪力，满足斜截面抗剪强度，并联结受拉主钢筋和受压区混凝土使其共同工作，使梁内各种钢筋构成钢筋骨架的钢筋。

(4)侧面钢筋。侧面钢筋一般位于梁两侧中间部位，也称腰筋，有的梁太高，为保证钢筋骨架的稳定及承受由于混凝土干缩和温度变化所引起的应力需要在箍筋中部加连接筋，并采用拉筋连接。

(5)附加横向钢筋。次梁与主梁的相交处，由于次梁的集中荷载作用，有可能使主梁的下部断裂，因此在主梁与次梁的交界处应设置附加横向钢筋，以承担次梁的集中荷载，防止局部破坏。附加横向钢筋有附加箍筋及附加吊筋两种。吊筋是将作用于混凝土梁式构件底部的集中力传递至顶部，是提高梁承受集中荷载抗剪能力的一种钢筋，形状如元宝，又称为元宝筋。

(6)支座负筋。支座负筋是梁的支座部位用以抵消负弯矩的钢筋。

课堂检测

1. 梁的种类有哪些？
2. 什么是托柱转换梁？
3. 梁内的架立筋有什么作用？
4. 梁内的附加横向钢筋有哪些种类？

思维导图总结

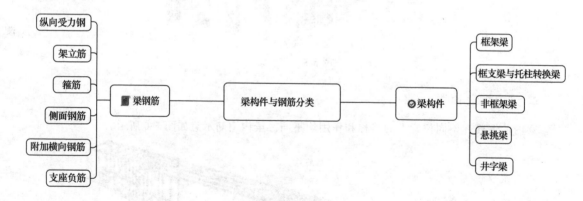

任务2　学习梁钢筋平法表示规则

任务目标

知识目标：掌握梁平法施工图列表表示方法和截面表示方法。

能力目标：能准确识读梁平法施工图。

素养目标：通过制图规范的学习，树立严格遵守国家规范标准的意识和严谨、负责的工作习惯。

案例 导入

按照标准图集的规定，完成该梁钢筋平法施工图的识读（图3-7）。

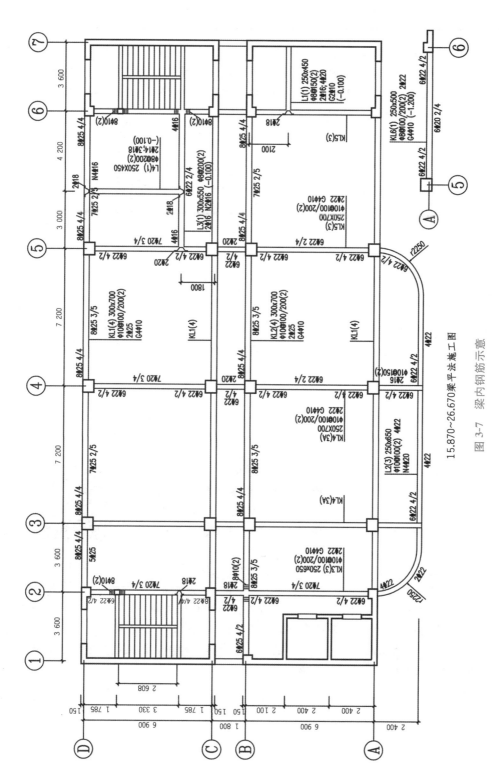

图 3-7　梁内钢筋示意

知 识 链 接

梁平法施工图是在梁平面布置图上，采用在相同编号的梁中各选择一根，在其上注写截面尺寸和配筋具体数值的方式来表达梁的构造。平面注写包括集中标注和原位标注。集中标注表达梁的通用数值；原位标注表达梁的特殊数值。当集中标注中的某项数值不适用于梁的某部位时，则将该项数值原位标注。施工时，原位标注取值优先。在梁平法施工图中，要明确标明结构层楼面标高及层高表，以指明当前梁平法施工图所表达梁所在层数，以及提供梁顶面相对标高高差的基准标高。梁平面注写如图 3-8 所示。

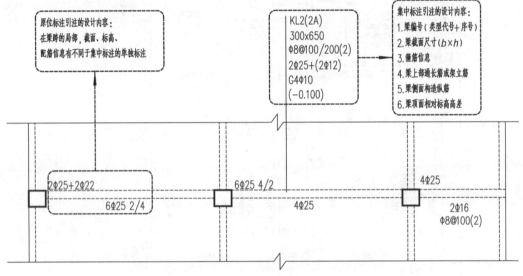

图 3-8 梁平面注写

1. 梁的集中标注

梁的集中标注内容为六项，其中前五项为必注值，即梁编号、梁截面尺寸、梁箍筋、梁上部通长筋或架立筋配置（通长筋可为相同或不同直径采用搭接连接、机械连接或焊接的钢筋）、梁侧面纵向构造钢筋或受扭钢筋配置；第六项为选注值，即梁顶面标高高差。

（1）梁编号（表 3-1）。梁编号为必注值，它不仅可以区别不同类型的梁，还将作为信息纽带，使梁平法施工图与相应标准构造

学习梁钢筋平法表示规则（梁平法集中标注）

详图建立明确的联系，使平法梁施工图中表达的设计内容与相应的标准构造详图合并构成完整的梁结构设计。梁编号后的"（ ）"表示梁跨数，当有悬挑端时，无论悬挑多长均不计入跨数，A 表示一端有悬挑，B 表示两端均悬挑。一般混凝土框架结构中，框架柱是框架梁的支座，主梁是次梁的支座，框架梁是井字梁的支座。

表 3-1 梁编号

梁类型	代号	序号	跨数及是否带有悬挑
楼层框架梁	KL	××	(××)、(××A)或(××B)
楼层框架扁梁	KBL	××	(××)、(××A)或(××B)
屋面框架梁	WKL	××	(××)、(××A)或(××B)
框支梁	KZL	××	(××)、(××A)或(××B)
托柱转换梁	TZL	××	(××)、(××A)或(××B)
非框架梁	L	××	(××)、(××A)或(××B)
悬挑梁	XL	××	(××)、(××A)或(××B)
井字梁	JZL	××	(××)、(××A)或(××B)

(2)梁截面尺寸。

1)等截面梁注写为 $b×h$，其中 b 为梁宽，h 为梁高。

2)竖向加腋，用 $b×h$ $Yc_1×c_2$ 表示，其中 c_1 为腋长，c_2 为腋高；水平加腋，用 $b×h$ $PYc_1×c_2$ 表示，其中 c_1 为腋长，c_2 为腋宽，示意如图 3-9 所示。

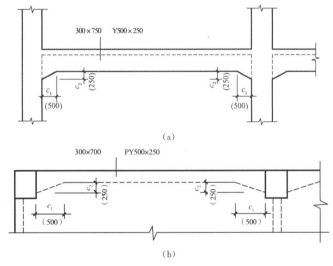

图 3-9 加腋梁截面注写示意

(a)竖向加腋截面注写示意；(b)水平加腋截面注写示意

3)当为悬挑梁且根部和端部的高度不同时，用斜线分隔根部与端部的高度值，即 $b×h_1/h_2$。其中，h_1 为梁根部较大高度值，h_2 为梁根部较小高度值，示意如图 3-10 所示。

续表

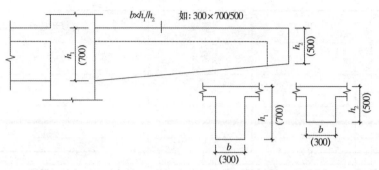

图 3-10　悬挑梁不等高截面注写示意

(3)梁箍筋。梁箍筋包括钢筋级别、直径、加密区与非加密区间距及肢数。"@"表示箍筋的间隔，"/"表示箍筋加密与非加密区的不同间距及肢数箍筋之间的间距，箍筋的肢数注在"（　）"内。

(4)梁上部通长筋或架立筋配置(通长筋可为相同或不同直径采用搭接连接、机械连接或焊接连接的钢筋)。

1)钢筋符号前的数值表示钢筋根数，钢筋符号后的数值表示钢筋直径。

2)当抗震框架梁箍筋采用 4 肢或更多肢时，由于通长筋一般仅需设置两根，所以应补充设置架立筋，此时，采用"＋"将两类配筋相连，架立筋注写在"（　）"内，如图 3-11 所示。

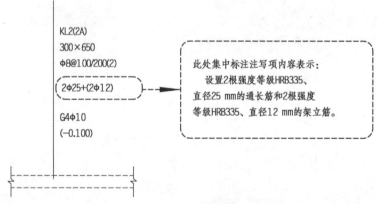

图 3-11　梁通长筋和架立筋注写示意

3)当梁的上部纵筋和下部纵筋为全跨相同，或多数跨配筋相同时，此项可加注下部纵筋的配筋值，可用"；"将上部与下部纵筋的配筋值分隔开，如图 3-12 所示。

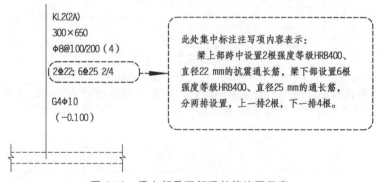

图 3-12　梁上部及下部通长筋注写示意

(5)梁侧面纵向构造钢筋或受扭钢筋配置。

1)梁侧面构造纵筋以 G 打头,梁侧面受扭纵筋以 N 打头注写两个侧面的总配筋值。

2)当梁腹板高度 h_w 大于等于 450 mm 时,梁侧面须配置纵向构造钢筋,所注规格与总根数应符合相关规范的规定。当梁侧面配置受扭纵筋时,宜同时满足梁侧面纵向构造钢筋的间距要求,且不再重复配置纵向构造钢筋,如图 3-13 所示。

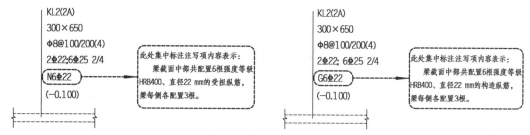

图 3-13 梁侧面构造纵筋及受扭纵筋示意

(6)梁顶面标高高差。梁顶面标高高差是指相对于结构层楼面标高的高差值。对于位于结构夹层的梁则指相对于结构夹层楼面标高的高差。有高差时,需将其写入括号内,无高差时不注。当某梁的顶面高于所在结构层的楼面标高时,其标高高差为正值;反之为负值。

2. 梁的原位标注

梁原位标注内容为梁支座上部纵筋、梁下部纵筋、附加箍筋或吊筋、其他需要修正的内容四项。

学习梁钢筋平法表示规则(梁平法原位标注)

(1)梁支座上部纵筋。当集中标注的梁上部跨中抗震通长筋直径相同时,跨中通长筋实际为该跨两端支座的角筋延伸到跨中 1/3 净跨范围内搭接形成;如图 3-14 中第一跨左支座原位标注,当集中标注的梁上部跨中通长筋直径与该部位角筋直径不同时,跨中直径较小的通长筋分别与该跨两端支座的角筋,从而具备抗震通长筋的受力功能。

如图 3-14 中第二跨左支座原位标注,当梁支座两边的上部纵筋不同时,需在支座两边分别标注;当梁支座两边的上部纵筋相同时,可仅在支座一边标注配筋值,另一边省去不注。

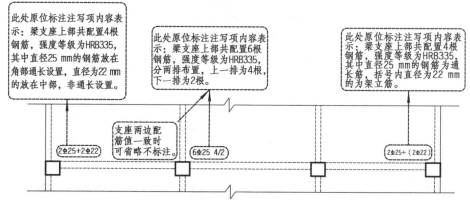

图 3-14 梁支座上部纵筋示意

当两大跨中间为小跨,且小跨净尺寸小于左、右两大跨净跨尺寸之和的 1/3 时,小跨上部纵筋采取贯通全跨方式,此时,应将贯通小跨的纵筋注写在小跨中间,如图 3-15 所示。

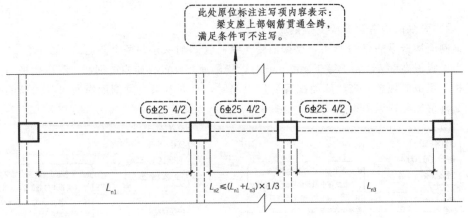

图 3-15　小跨梁钢筋注写示意

（2）梁下部纵筋。当梁下部纵筋多于一排时，用"/"将各排纵筋分隔开，"/"前的数值表示上排钢筋的根数，"/"后的数值表示下排钢筋的根数。当下部纵筋有部分不伸入支座时，在钢筋根数的数值后加括号，括号内填写负号，后面为钢筋的根数。当梁的集中标注中已经注写了下部通长纵筋值时，则不需要在每一跨梁的下部重复做原位标注，如图 3-16 所示。

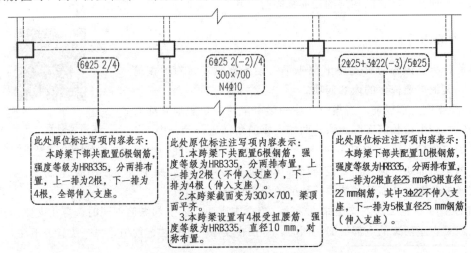

图 3-16　梁下部纵筋示意

（3）附加箍筋或吊筋。在主次梁相交处，直接将附加箍筋或吊筋画在平面图中的主梁上，用线引注总配筋值（附加箍筋的肢数注在括号内），或者在梁平法施工图的注解中注写相关信息。附加箍筋及吊筋示意如图 3-17 所示。

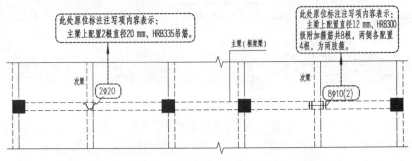

图 3-17　附加箍筋及吊筋示意

（4）其他需要修正的内容。当某跨梁的截面尺寸、箍筋、侧面钢筋等信息与集中标注不同时，在原位标注加以修正。

3. 梁截面表示法

当局部区域的梁布置过密时，以及表达异形梁的尺寸与配筋时，采用截面注写相对比较方便，传统梁钢筋标注表现手法一致。截面注写方式是在分标准层绘制的梁平面布置图上，分别在不同编号的梁上选择一根梁用剖面号引出配筋图，并在其上注写截面尺寸和配筋具体数值的方式来表达梁平法施工图，如图 3-18 所示。

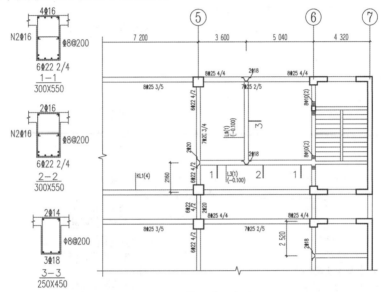

图 3-18　截面注写方式

（1）对梁进行编号，从相同编号的梁中选择一根梁，先将"单边截面号"画在该梁上，再将截面配筋详图画在本图或其他图上。当某梁的顶面标高与结构层的楼面标高不同时，还应在梁编号后注写梁顶面标高高差。

（2）在截面配筋详图上要注明截面尺寸、上部筋、下部筋、侧面构造筋或受扭筋及箍筋的具体数值。

课堂检测

1. 梁平法施工图分为集中标注和原位标注，（　　）标注表达梁的通用数值。
   A. 集中　　　　　　　　　　　　　　B. 原位
   C. 截面　　　　　　　　　　　　　　D. 列表表示

2. 梁平法施工图分为集中标注和原位标注，（　　）标注表达梁的特殊数值。
   A. 集中　　　　　　　　　　　　　　B. 原位
   C. 截面　　　　　　　　　　　　　　D. 列表表示

3. 下面钢筋用原位标注的是（　　）。
   A. 通长筋　　　　　　　　　　　　　B. 箍筋
   C. 支座负弯矩筋　　　　　　　　　　D. 下部纵向受力筋

4. 采用《混凝土结构施工图平面整体表示方法制图规则和构造详图(现浇混凝土框架、剪力墙、梁、板)》(16G101-1)图集的梁图纸中，对表示方法 Φ8@100(4)/150(2)的意义理解不正确的是( )。

A. 箍筋直径为 8　　　　　　　　　　B. 箍筋为 HPB300 级钢筋

C. 加密区箍筋肢数为 2　　　　　　　D. 非加密区箍筋间距为 150

5. L7(8B)表示( )。

A. 7 号非框架梁，8 跨，其中有两跨为悬挑梁

B. 7 号非框架梁，8 跨，两端为悬挑梁，悬挑梁不计入 8 跨内

C. 7 号框架梁，8 跨，其中两跨为悬挑梁

D. 7 号框架梁，8 跨，两端为悬挑梁，悬挑梁不计入 8 跨内

思维导图总结

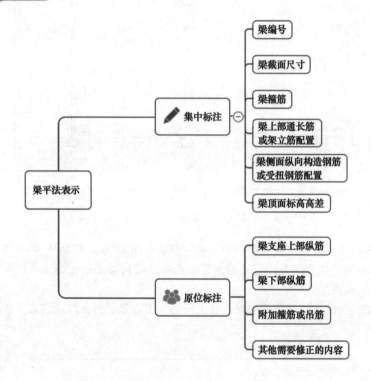

任务 3 绘制学生公寓梁配筋构造详图

任务目标

知识目标：掌握标准图集中梁钢筋常用构造，熟练掌握 CAD 绘图的方法。

能力目标：能根据图纸信息灵活应用构造节点，使用 CAD 软件表达梁配筋构造详图。

素养目标：通过 CAD 软件完成绘制施工图的任务，增强动手能力，培养学生一丝不苟、精益求精的工匠精神。

任务导入

根据学生公寓楼结构施工图，绘制⑭轴处 KL19(3) 的配筋纵剖面图，绘图所需信息可通过识读结构施工图中获取，出图比例为 1∶50，钢筋采用线宽为 25 的多段线绘制。

知识链接

《混凝土结构施工图平面整体表示方法制图规则和构造详图（现浇混凝土框架、剪力墙、梁、板）》(16G101-1) 对楼层框架梁纵向钢筋的构造要求分为伸入端支座内的构造要求、上部非通长筋在梁跨内的构造要求、下部钢筋在中间支座的构造要求（图 3-19）。

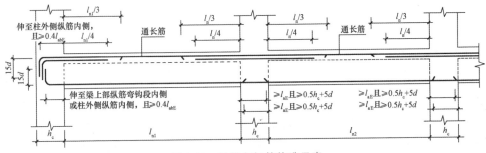

图 3-19 梁纵向钢筋构造示意

1. 梁纵筋在端支座的构造要求

支座宽度够直锚时，采用直锚，直锚钢筋长度为 $\max(l_{aE}, 0.5h_c + 5d)$，$l_{aE}$ 是抗震锚固长度、h_c 是支座宽度；支座宽度不够直锚时，采用弯锚 $15d$。上部通长钢筋、非通长筋及下部纵向钢筋在端支座的构造要求相同。

梁侧面构造纵筋的锚固长度可取 $15d$，梁侧面受扭纵筋的锚固长度为 l_{aE} 或 l_a，锚固方式同框架梁下部纵筋。

梁配筋构造

2. 梁上部非通长筋在梁跨内的构造要求

第一排上部非贯通钢筋伸入跨内 1/3 净跨长，第二排上部非贯通钢筋伸入跨内 1/4 净跨长。

3. 梁纵筋在中间支座的构造要求

上部通长钢筋、支座负筋贯通穿过中间支座；下部纵向钢筋在中间支座的锚固长度应满足 $\max(l_{aE}, 0.5h_c + 5d)$。

4. 框架梁箍筋加密区的构造要求

为满足抗震要求，防止梁发生破坏，需要在其受剪力集中处进行箍筋加密，具体构造要求如下：

(1)箍筋起步距离为 50 mm；

(2)箍筋加密区长度：抗震等级为一级时：$\geqslant 2.0h_b$ 且 $\geqslant 500$ mm；抗震等级为二～四级时：$\geqslant 1.5h_b$ 且 $\geqslant 500$ mm，如图 3-20 所示。

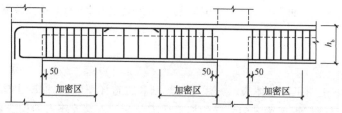

图 3-20　框架梁箍筋加密区构造示意

任务分析

(1)绘制定位轴线、构件轮廓线，如图 3-21 所示。

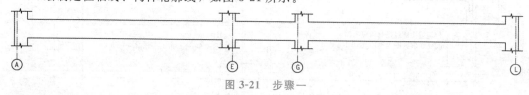

图 3-21　步骤一

(2)通过计算确定梁纵筋在端支座的锚固形式，上部第一排、第二排支座负筋截断位置，下部纵筋在支座处的直锚长度、箍筋加密区范围，并在图中进行标注，如图 3-22 所示。

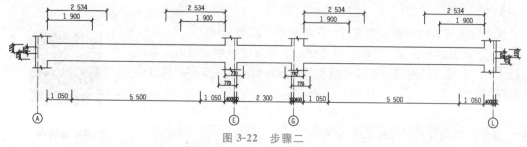

图 3-22　步骤二

(3)利用多段线分别绘制上部通长筋，第一排、第二排支座负筋，梁第二跨由于跨度较小，故支座负筋采取通长布置，钢筋截断处以斜钩表示，如图 3-23 所示。

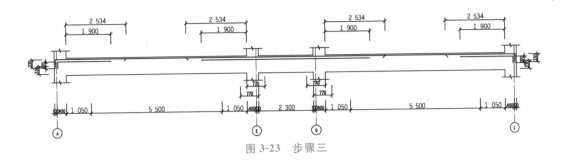

图 3-23   步骤三

（4）分跨绘制下部纵筋、箍筋，钢筋截断处以斜钩表示，如图 3-24 所示。

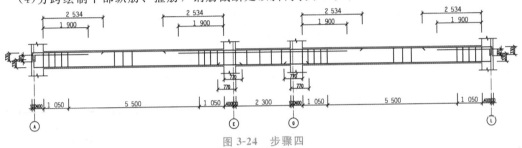

图 3-24   步骤四

（5）绘制构造钢筋，整理图形，完善尺寸标注、配筋、图名、比例等信息，如图 3-25 所示。

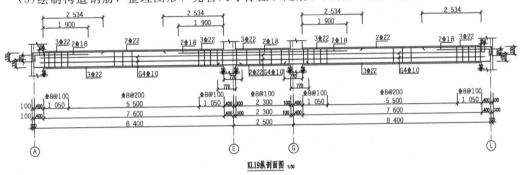

KL19纵剖面图 1:50

图 3-25   步骤五

任务 4   综合识读学生公寓梁平法施工图

任务引入

根据学生公寓楼案例图纸，完成指定梁构件的信息采集表。

梁平法施工图
识读步骤

任务实施

框架梁的平面注写方式分为集中标注和原位标注两部分。集中标注表达梁的通用数值；原位标注表达梁的特殊数值。当集中标注中的某项数值不适用于梁的某部位时，则将该项数值原位标注。施工时，原位标注取值优先。

集中标注包括：构件编号＋几何要素＋配筋要素＋补充要素。具体为：梁的代号和序号及跨数、梁截面尺寸、箍筋值、通长筋(抗震)或架立筋(非抗震)值、侧面筋值(侧面构造筋或抗扭筋)和梁顶面标高高差选注值。

原位标注主要表达支座上部纵筋(包括通过该位置的通长筋)、下部纵筋、附加箍筋或吊筋，以及某部位与集中标注某项的不相同值。

平面注写内容见表 3-2。

表 3-2 平面注写内容

注写方式分类		标注内容	注写方式举例	备注
平面注写	集中标注	梁编号	楼层框架梁：KL1(3) 两端带悬挑框架梁：KL3(2B) 屋面框架梁：WKL4	必注值
		梁截面尺寸	矩形截面：300×700 悬挑梁变截面：300×700/500	必注值
		梁箍筋	φ8@200(2) φ8@100/200(4)	必注值
		梁上部通长筋或架立筋配置(通长筋为相同或不同直径采用搭接连接、机械连接或焊接的钢筋)	2Φ25＋2Φ20(角筋＋中筋) 2Φ22＋(2Φ14)(角筋＋架立筋) 2Φ25；3Φ20(上通筋；下通筋)	必注值
		梁侧面构造钢筋或受扭钢筋配置	G4Φ12 侧面构造钢筋 N6Φ14 侧面受扭钢筋	必注值，注写钢筋总数，对称配置
		梁顶面标高高差	(−0.100)相对结构层楼面标高标注	选注值
	原位标注	支座负筋	6Φ25　4/2　　4Φ25/2Φ20 2Φ25(角部)＋2Φ20/2Φ20	含通长筋在内的支座上部纵筋
		下部纵筋	6Φ25　4/2　　2Φ20/4Φ25 2Φ25＋2Φ20(−2)/4Φ25	括号内数字表示不伸入支座的钢筋数
		附加箍筋或吊筋	附加箍筋：6φ10(2) 吊筋：2Φ20	注写附加钢筋总数，对称配置

任务工单

任务名称	综合识读学生公寓梁平法施工图		
实训任务描述	(1)实训项目介绍：根据学生公寓楼案例图纸，完成梁构件的信息采集表。 1)查看图名、比例。 2)校核轴线编号及其间距尺寸，要求与建筑图、基础平面图保持一致。 3)与建筑图配合，明确各梁的编号、数量和位置。 4)阅读结构设计总说明或有关说明，明确梁的混凝土强度等级。 5)根据各梁编号，查阅图中梁的截面尺寸、箍筋、上部通长筋或架立筋、下部通长筋、侧面钢筋、顶面标高及支座非通长筋等其他修正值。 (2)实训项目目标 1)掌握标准图集《混凝土结构施工图平面整体表示方法制图规则和构造详图(现浇混凝土框架、剪力墙、梁、板)》(16G101－1)中梁平法表示相关规定； 2)识读框架梁平法施工图，提交框架柱识图成果		
实训准备	(1)知识准备。 已学《建筑识图与构造》相关知识。 (2)资料准备。 学生公寓施工图、标准图集《混凝土结构施工图平面整体表示方法制图规则和构造详图(现浇混凝土框架、剪力墙、梁、板)》(16G101－1)		
学生提交资料	提交框架梁识图成果		
考评方案与标准	(1)考评方案。 按职业态度(20%)、实训过程(40%)、实训结果(40%)三方面考核。 (2)考评标准。 1)职业态度(20%)。 ①有认真、严谨的态度(70分)。 ②按时完成实训任务，不早退，不随意旷课(30分)。 2)实训过程(40%)。 ①参与任务讨论的积极性(50分)。 ②任务准备的充分性，课堂回答问题的积极性(50分)。 3)实训结果(40%)。 ①框架梁信息列表填写准确，无遗漏(50分)。 ②指定框架梁横截面图绘制完整(50分)		

读书笔记

任务名称	综合识读学生公寓梁平法施工图
识图训练	1. 本工程框架梁的抗震等级为(　　)。 　　A. 一级　　　　　　B. 二级　　　　　　C. 三级　　　　　　D. 四级 2. 本工程四~六层梁平面图中，KL27(7)⑧~⑨轴跨梁，梁端箍筋加密区长度为(　　)mm。 　　A. 1 400　　　　　B. 1 050　　　　　C. 1 000　　　　　D. 2 100 3. 框架梁两端设置的第一道箍筋距离柱边缘的距离为(　　)。 　　A. 100 mm　　　　B. 加密区箍筋间距　　C. 150 mm　　　　D. 50 mm 4. 本工程中关于梁的说法，下列错误的一项是(　　)。 　　A. 主次梁相交处，当主次梁高度相同时，次梁下部纵向受力钢筋均应设置于主梁的下部纵向受力 　　　 钢筋之上 　　B. 主次梁相交处的主梁，均应设置附加箍筋 　　C. 梁腹板高度 $h_w \geqslant 450$，应设置梁侧纵向构造钢筋 　　D. 当窗顶与楼面梁底标高不一致时，用楼面梁取代窗过梁 5. 在屋面梁配筋图中，L1(1)的梁顶面标高为(　　)m。 　　A. 21.550　　　　　B. 22.050　　　　　C. 21.600　　　　　D. 21.050 6. 在屋面梁配筋图中，KL23(7)在④轴右支座处原位标注 3Φ16/2Φ18 表示(　　)。 　　A. 梁支座上部钢筋为 5 根，分两排布置，第一排为 3Φ16，第二排为 2Φ18 　　B. 梁支座上部钢筋为 5 根，分两排布置，第一排为 2Φ18，第二排为 3Φ16 　　C. 梁支座下部钢筋为 5 根，分两排布置，第一排为 3Φ16，第二排为 2Φ18 　　D. 梁支座下部钢筋为 5 根，分两排布置，第一排为 2Φ18，第二排为 3Φ16

项目4

识读板平法施工图与
绘制板配筋构造详图

项目描述

    板是建筑结构中的水平承重构件，本项目通过板平法施工图实际案例，让学生掌握板平法表示的规定，熟知基本的板节点配筋及构造要求，能够灵活应用CAD表达板节点构造详图。

    任务1 认知板构件与钢筋

    任务2 学习板钢筋平法表示规则

    任务3 绘制学生公寓板配筋构造详图

    任务4 综合识读学生公寓板平法施工图

任务1　认知板构件与钢筋

任务目标

    知识目标：熟悉钢筋混凝土板的分类，掌握板内配筋的种类和作用。

    能力目标：能准确并完整地说出钢筋混凝土板和板内钢筋的分类与特点。

    素养目标：提高学习兴趣从而热爱自己的专业，通过小组讨论和协作养成团队协作的精神。

问题导入

    (1)在日常生活中，自己见到过什么形式的楼板？它们的特点是什么？

    (2)结合建筑识图专业知识，回顾楼板有哪些种类？

    (3)结合已学知识和经验，判断楼板中需要配置哪些钢筋？分别起什么作用？

知识链接

    板是建筑结构中水平承重构件，它承受楼面上的荷载并将其传递给梁、柱，同时，对墙、

板构件与钢筋

柱在水平方向上起支撑和联系作用。从空间上看，板对建筑空间起着竖向分隔的作用，还具有隔热、隔声、防水、保温等功能。

1. 板按照受力情况和支撑特点分类

（1）单向板。单向板的长边与短边之比大于或等于3，荷载主要沿板短边方向传递，如图4-1所示。在配置钢筋时，一般在板底短边方向配置受力钢筋，长边方向配置分布钢筋。比较细长的走道板是常见的单向板。

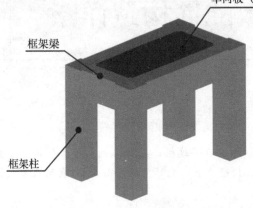

图 4-1　单向板

（2）双向板。双向板的长边与短边之比不大于2，荷载沿板的长边和短边两个方向传递，如图4-2所示。在配置钢筋时，板底长短两向均需配置受力钢筋，由于短边方向受力大，故一般短边钢筋在下，长边钢筋在上。一般建筑物的楼板多为双向板。

图 4-2　双向板

（3）有梁楼盖板。在楼板下纵横方向设置梁，楼板上的荷载先由板传递给梁，再由梁传递给墙或柱，称为有梁楼盖板，如图4-3所示。此类型板应用非常广泛，适用于较大开间的房间，能有效减小楼板的跨度和厚度。

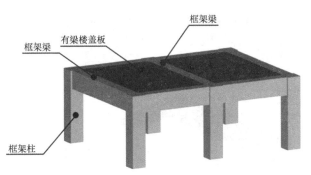

图 4-3 有梁楼盖板

（4）无梁楼盖板是将板（受力构件）直接放置在墙或柱子上，如图 4-4 所示。通常情况下，柱顶加设柱帽和托板，用来增大柱支承面积，减小无梁楼板的跨度。可用于开间较小的部位，如厨房、卫生间等跨度较小处。

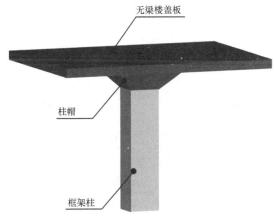

图 4-4 无梁楼盖板

（5）悬挑板。悬挑板可分为延伸悬挑板和纯悬挑板两类。一种是作为楼面板端部向外侧的延伸而形成悬挑，如阳台板、挑檐板等；另一种是仅以梁为支座，从梁边延伸出来而形成悬挑，如雨篷板，如图 4-5 所示。

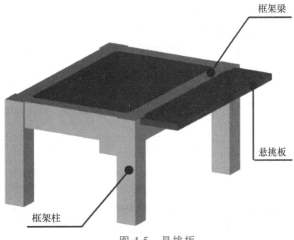

图 4-5 悬挑板

（6）折板。折板是常用于坡屋面的屋脊转角处的一种楼板形式，如图4-6所示。

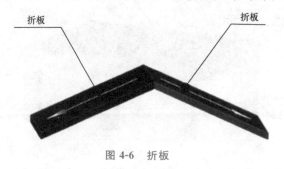

图4-6 折板

2. 板内钢筋种类

通常板内配置有贯通钢筋、上部非贯通钢筋（支座负筋）、分布钢筋、温度筋、抗裂筋与构造筋等，如图4-7所示。

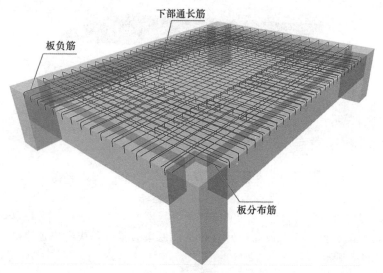

图4-7 板内钢筋示意

（1）上部贯通钢筋。板的上部贯通钢筋是位于楼板上部的受力钢筋，与板面距离一个保护层厚度，起抵抗支座负弯矩、防止支座、板面处混凝土开裂等作用。配筋时可以双向布置，也可以根据需要单向布置。

（2）下部贯通钢筋。板的下部贯通钢筋是位于楼板下部的受力钢筋，与板底距离一个保护层厚度，其端部通常以直线形锚入支座内，如采用HPB300级钢筋，则需要在端部加设180°弯钩，起抵抗正弯矩的作用。配筋时需要双向进行布置。

（3）上部非贯通钢筋（支座负筋）。上部非贯通钢筋（支座负筋）是位于楼板上部支座处的受力钢筋，根据支座两侧楼板的情况不同可分为单侧非贯通钢筋（支座负筋）和贯穿支座的双侧非贯通钢筋（支座负筋），主要起抵抗支座负弯矩，防止支座处板面开裂的作用。

（4）分布钢筋。分布钢筋与受力筋相互绑扎形成钢筋网，起辅助传力和固定受力钢筋的作用，由于不考虑其受力，故通常可采用较小直径和较大间距进行配置。

（5）温度筋、抗裂钢筋。对于有抗裂、防水等特殊要求的板，如卫生间、屋面等，可根据需要在板面配置温度筋，也可以由上部贯通钢筋起温度、抗裂筋的作用。

课 堂 检 测

1. 什么是双向板? 它的受力特点是什么?
2. 板中受力钢筋有哪几种? 分别起什么作用?
3. 悬挑板分为_____和_____两类。
4. 分布钢筋在板中起_____作用。
5. 上部非贯通钢筋在板中起_____作用。

思 维 导 图 总 结

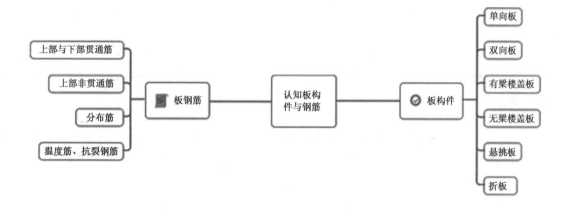

任务 2 学习板钢筋平法表示规则

任 务 目 标

知识目标：掌握板平法施工图表示方法与传统表示方法。
能力目标：能准确识读板平法施工图。
素养目标：通过制图规范的学习，树立严格遵守国家规范标准的意识并养成严谨、负责的工作态度。

任务 2.1 有梁楼盖平法施工图表示方法

案 例 导 入

按照标准图集的规定，完成图 4-8 所示板钢筋平法施工图的识读。

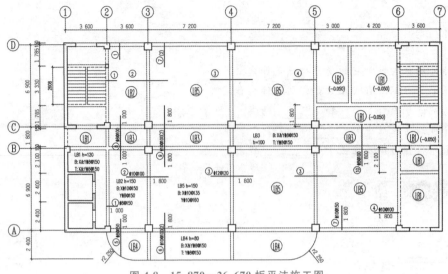

图 4-8   15.870~26.670 板平法施工图

知 识 链 接

有梁楼盖板平法施工图是在楼面板和屋面板布置图上，采用平面注写的表达方式。板平面注写主要包括板块集中标注和板支座原位标注，如图 4-9 所示。

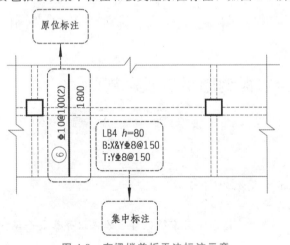

学习板钢筋平法表示规则(板平法表示)

图 4-9   有梁楼盖板平法标注示意

1. 板集中标注

板的集中标注以"板块"为单位。板块的定义分为两种，一种是普通楼面，两向均以一跨为一板块；另一种是密肋楼盖，两向主梁(框架梁)均以一跨为一板块(非主梁密肋不计)。集中标注的内容为板块编号、板厚、上部贯通纵筋、下部贯通纵筋及当板面标高不同时的标高高差。

（1）板编号。根据《混凝土结构施工图平面整体表示方法制图规则和构造详图(现浇混凝土框架、剪力墙、梁、板)》(16G101—1)，对板块进行编号，编号由代号和序号两部分组成。板块编号见表 4-1。

表 4-1　板块编号

板类型	代号	序号	示例
楼面板	LB	××	LB3
屋面板	WB	××	WB2
悬挑板	XB	××	XB1

所有板块应逐一编号，相同编号的板块可择其一做集中标注，其他仅注写置于圆圈内的板编号，以及当板面标高不同时的标高高差，如图 4-10 所示。相同编号板块的类型、板厚和贯通纵筋均应相同，但板面标高、跨度、平面形状及板支座上部非贯通纵筋可以不同。

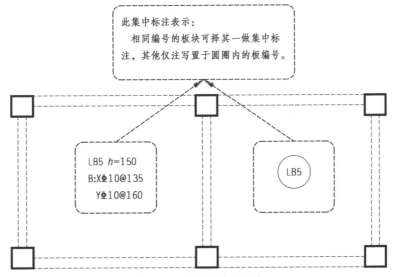

图 4-10　板编号注写示意

(2)板厚。板厚注写为 $h=\times\times\times$（为垂直于板面的厚度），如图 4-11 所示。当悬挑板的端部改变截面厚度时，用斜线分隔根部与端部的高度值，注写为 $h=\times\times\times/\times\times\times$，例如，$h=110/80$，当设计已在图注中统一注明板厚时，此项可不注。

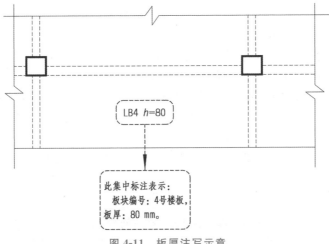

图 4-11　板厚注写示意

（3）纵筋。纵筋按板块的下部纵筋和上部贯通纵筋分别注写（当板块上部不设贯通纵筋时则不注）：

1）以 B 代表下部纵筋，以 T 代表上部贯通纵筋，B&T 代表下部与上部；

2）X 向纵筋以 X 打头，Y 向纵筋以 Y 打头，两向纵筋配置相同时则以 X&Y 打头；

3）单向板的分布钢筋可不必注写，而在图中统一注明；

4）当在某些板内（如在悬挑板 XB 的下部）配置构造钢筋时，则 X 向以 Xc、Y 向以 Yc 打头注写。

5）当纵筋采用两种规格钢筋"隔一布一"方式时，表达为 φxx/yy@×××，表示直径为 xx 的钢筋和直径为 yy 的钢筋二者之间间距为 ×××，直径 xx 的钢筋的间距为 ××× 的 2 倍，直径 yy 的钢筋的间距为 ××× 的 2 倍。

（4）板面标高高差。板面标高高差是指相对于结构层楼面标高的高差，应将其注写在括号内，且有高差则标注，无高差不标注。

板集中标注注写示例如图 4-12 所示。

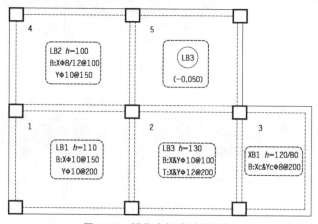

图 4-12　板集中标注注写示例

图 4-12 中的 1 表示：1 号楼面板，板厚为 110 mm，板下部布置 X 向贯通钢筋为 HPB300 级，直径为 10 mm，间距为 150 mm，Y 向布置贯通钢筋为 HPB300 级，直径为 10 mm，间距为 200 mm。

图 4-12 中的 2 表示：3 号楼面板，板厚为 130 mm，板下部布置 X 向和 Y 向贯通钢筋均为 HPB300 级，直径为 10 mm，间距为 100 mm，上部配置 X 向和 Y 向贯通钢筋均为 HPB300 级，直径为 12 mm，间距为 200 mm。

图 4-12 中的 3 表示：1 号悬挑板，根部板厚为 120 mm，端部板厚为 80 mm，板下部布置构造钢筋 X 向和 Y 向均为 HPB300 级，直径为 8 mm，间距为 200 mm。

图 4-12 中的 4 表示：2 号楼面板，板厚为 100 mm，板下部布置 X 向贯通钢筋为 HPB300 级，直径为 8 mm 和 12 mm，隔一布一，间距为 100 mm；Y 向为 HPB300 级，直径为 10 mm，间距为 150 mm；板上部未配置贯通纵筋。

图 4-12 中的 5 表示：本板块板面标高比本层楼面标高低 0.050 m。

2. 板的原位标注

板的原位标注主要表达板上部非贯通纵筋（支座负筋）和悬挑板上部受力钢筋的信息。

（1）原位标注钢筋表示方法。采用垂直于板支座（梁或墙）绘制一段适宜长度的中粗实线（当该筋通长设置在悬挑板或短跨板上部时，实线段应画至对边或贯通短跨），以该线段代表支座上部非贯通纵筋，并在线段上方注写钢筋编号（如①、②等）、配筋值、横向连续布置的跨数（注写在括号内，且当为一跨时可不注），以及是否横向布置到梁的悬挑端，如图 4-13 所示。

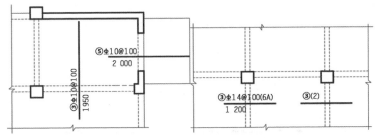

图 4-13　原位标注钢筋表示示意

　　(2)板上部非贯通纵筋（支座负筋）表示方法。在配置相同跨的第一跨表达，在线段的下方位置注写板支座上部非贯通钢筋自支座中线向跨内的伸出长度，如图 4-14 所示。当中间支座上部非贯通纵筋向支座两侧对称伸出时，可仅在支座一侧线段下方标注伸出长度，另一侧不注。当向支座两侧非对称伸出时，应分别在支座两侧线段下方注写伸出长度。

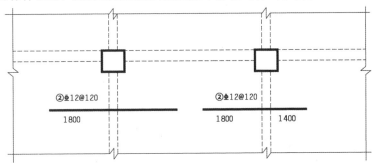

图 4-14　板上部非贯通纵筋（支座负筋）表示示意

　　(3)板上部钢筋隔一布一表示方法。当板的上部已经配置有贯通纵筋，但仍然增配板上部非贯通纵筋时，为"隔一布一"表示方法，如图 4-15 所示。此时非贯通纵筋的标注间距与贯通纵筋相同，两者组合后的实际间距为各自标注间距的 1/2。

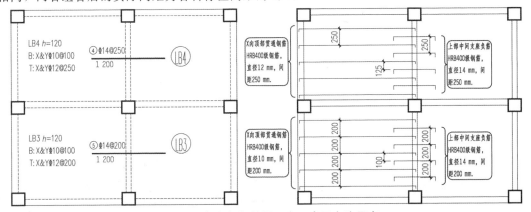

图 4-15　板上部钢筋隔一布一表示方法示意

　　(4)同一张图中不同部位板上部非贯通纵筋配筋相同时的表示方法。在某跨板支座处上部注写非贯通纵筋③ Φ14@100(6A)，在同一板平面图的另一支座处注写钢筋编号及跨数③(2)，此时表示该处钢筋配筋信息同③号钢筋，但是仅连续布置2跨，如图4-16所示。

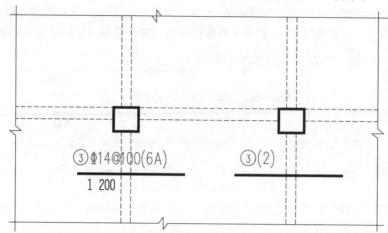

图 4-16 板上部不同部位非贯通纵筋配筋相同表示示意

(5)分布钢筋的注写。与板支座上部非贯通纵筋垂直且绑扎在一起的分布钢筋，一般由设计者在图中统一注明。

课 堂 检 测

1. 编号 LB 表示_____、WB 表示_____、XB 表示_____。

2. 板集中标注中 $h=120/90$ 表示_____。

3. 某楼板在集中标注中标注了 T：Xϕ14@200，在对应的原位标注上又标注了上部非贯通纵筋 ϕ10@200，则该楼板上部钢筋的间距是_____。

4. 板原位标注中上部非贯通纵筋向跨内的延伸长度自_____开始起算。

5. 相同编号的板块_____必须相同，而_____可以不同。

思 维 导 图 总 结

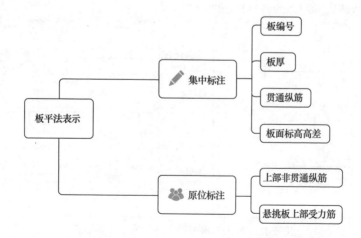

任务 2.2　板的传统表示方法

根据已经掌握的楼板识图知识，完成图 4-17 所示板传统施工图的识读。

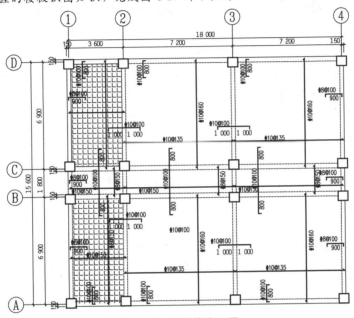

图 4-17　板传统施工图

　　"平法"在建筑界已经推广使用多年，从目前了解的情况来看，在柱、梁、剪力墙、楼梯构件中，平法的运用已经非常广泛，但是对于板构件，依然存在许多设计人员习惯用传统的方式进行表达。因此，在工程实践中，传统楼板图纸的识读方法也需要熟练掌握，其钢筋构造与平法一样，满足《混凝土结构施工图平面整体表示方法制图规则和构造详图（现浇混凝土框架、剪力墙、梁、板）》（16G101—1）中的构造要求。

**学习板钢筋平法表示
规则（板钢筋传统表示）**

1. 板下部贯通钢筋的表达

　　板块下部钢筋以中粗线图例表示，当板底钢筋为 HPB300 级时，末端需做 180°弯钩；当板底钢筋为非 HPB300 级时，需要在钢筋线两端加 135°斜钩，用于表示钢筋截断位置，斜钩指向为向上、向左时均表示位于下部的钢筋。

读书笔记

2. 板上部钢筋的表达

板上部钢筋包括上部贯通纵筋和上部非贯通钢筋。上部钢筋绘制时需在两端加 90°弯钩，当弯钩方向朝下、朝右时均表示位于上部的钢筋。

3. 板配筋信息标注

需在上部与下部钢筋上注写钢筋的级别、直径、间距，表达含义同平法规则。对于规格一样的钢筋，也可不在钢筋线上进行标注，而在本张图的说明中统一进行注写。

4. 上部非贯通钢筋延伸长度注写

非贯通钢筋下方注写的数值为其向跨内的延伸长度。对于贯穿中间支座的非贯通钢筋，该数值表示从支座中线向跨内的延伸长度，且需要两边注写；对于端支座处的非贯通钢筋，该数值的起算起点是从支座中线还是从支座边线需要查看图纸说明确定。

5. 板上部分布钢筋

板上部分布钢筋不在图中画出，而在图纸的备注或说明中统一规定。

6. 板厚及标高

板厚及标高需在本张图纸说明中予以表示，如板中存在标高不同的板块，则一般采用不同的图例加以区分，并在说明中规定不同图例所对应的不同标高高差。

课堂检测

1. 板传统表示方法中，钢筋两端斜钩向上和向左表示其是位于板_____的钢筋。

2. 板传统表示方法中，涉及钢筋构造的内容，需要满足_____的规定。

3. 板传统表示方法中，端支座上部非贯通钢筋向跨内延伸长度从支座中线起算，这个说法是否正确？

4. 板传统表示方法中，板厚信息在哪里查看？

思维导图总结

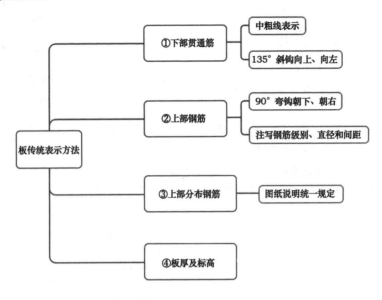

任务3 绘制学生公寓板配筋构造详图

任务目标

　　知识目标：掌握《混凝土结构施工图平面整体表示方法制图规则和构造详图（现浇混凝土框架、剪力墙、梁、板）》(16G101－1)中板钢筋常用构造，熟悉CAD绘制楼板施工图的方法。

　　能力目标：能根据图纸信息灵活应用构造节点，使用CAD软件绘制板配筋构造详图。

　　素养目标：通过CAD软件完成绘制施工图的任务，提高动手能力，养成一丝不苟的工作态度和精益求精的工匠精神。

任务导入

　　根据学生公寓楼结构施工图，绘制⑭～⑯轴交⑥～⑪轴处楼板的1—1断面配筋图，绘图所需信息可通过识图在结构施工图中获取，出图比例为1:50。钢筋采用线宽为25的多段线绘制。

知 识 链 接

板配筋构造要求

1. 楼板端部支座钢筋构造

(1)端支座为梁时的钢筋构造，如图 4-18 所示。

1)板下部贯通纵筋在端部支座的直锚长度≥5d 且至少到梁中线；

2)板上部贯通纵筋在端部支座应伸至梁支座外侧纵筋内侧后弯折 15d，当支座梁的截面宽度较宽时，板上部贯通纵筋的直锚固长度≥l_a 时可直锚；

3)板上部非贯通纵筋在支座内的锚固同板上部贯通纵筋，其伸入板内的延伸长度见具体设计；

4)图中"设计按铰接时"与"充分利用钢筋抗拉强度时"由设计指定。

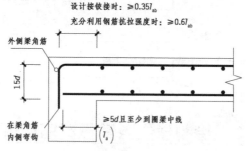

图 4-18　端支座为梁时钢筋构造

(2)端支座为剪力墙中间层时的钢筋构造，如图 4-19 所示。

1)板下部贯通纵筋在端部支座的直锚长度≥5d 且至少到墙中线；

2)板上部纵筋(贯通或非贯通)伸到墙身外侧水平分布钢筋的内侧，然后弯折 15d。

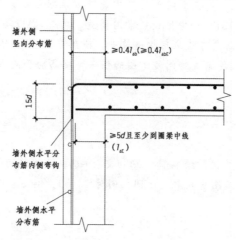

图 4-19　端支座为剪力墙中间层时钢筋构造

2. 楼板中间支座钢筋构造

楼板中间支座的钢筋构造表达了三个方面的内容，包括板下部纵筋构造、板上部纵筋构造及上部非贯通纵筋与分布钢筋搭接构造，如图 4-20 所示。

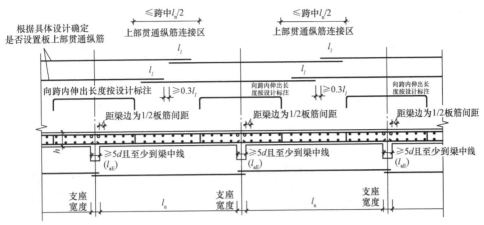

图 4-20　板顶贯通钢筋中间连接构造(一)

(1)板下部纵筋构造。

1)与支座垂直的贯通纵筋满足锚固长度伸入支座 $5d$ 且至少到梁中线;

2)与支座平行的贯通纵筋,第一根钢筋从距梁边为 $1/2$ 板筋间距处开始布置。

(2)板上部纵筋构造。

1)与支座垂直的贯通纵筋,应贯通跨越中间支座布置。

2)与支座平行的贯通纵筋,第一根钢筋从距梁边为 $1/2$ 板筋间距处开始布置。

3)非贯通纵筋垂直于支座布置,向跨内延伸长度见结构施工图。

4)上部非贯通钢筋的分布钢筋,应垂直于非贯通钢筋进行布置,第一根钢筋从距支座边 $1/2$ 分布钢筋间距处开始布置;在负筋拐角处必须布置一根分布钢筋,其他钢筋在负筋的直段范围内按分布钢筋间距进行布置。板分布钢筋的直径和间距一般在结施图的说明中给出。

5)在楼面板和屋面板中平行于梁的长度方向,在梁宽度范围内不布置楼板钢筋。

3. 上部非贯通纵筋与分布钢筋搭接构造

分布钢筋与同向的上部非贯通钢筋搭接长度为 $150\ mm$,在楼板角部矩形区域,由于纵横两个方向的上部非贯通钢筋相互交叉,已形成钢筋网,所以这个角部矩形区域不应再布置分布钢筋。

任务分析

(1)绘制定位轴线、构件轮廓线,如图 4-21 所示。

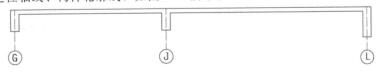

图 4-21　步骤一

(2)绘制楼板底部 X 向及 Y 向贯通纵筋,注意绘制时短向钢筋在下,长向钢筋在上,如图 4-22 所示。

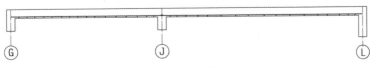

图 4-22　步骤二

（3）通过计算确定板上部钢筋在支座内的锚固形式，绘制板上部支座负筋及分布钢筋，如图 4-23 所示。

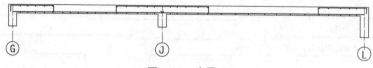

图 4-23 步骤三

（4）整理图形，完善尺寸标注、配筋、图名、比例等信息，如图 4-24 所示。

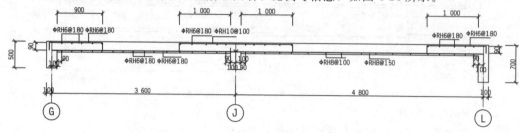

板配筋图1:25

图 4-24 步骤四

任务 4 综合识读学生公寓板平法施工图

任 务 引 入

根据学生公寓楼案例图纸，完成板平法施工图的识读及信息采集表。

任 务 实 施

工程概况：本套图为某学校学生公寓楼实际工程图纸，选择其中的四～六层楼板平面图作为识图训练的真实案例，同时配备平法表示方法和传统表示方法作为对比，学生在熟练掌握板平法制图规则的前提下，按照要求完成对应的识图任务。

（1）查看图名、比例，明确结构图所处楼层、标高。

（2）明确各板块的编号、板厚、配筋、标高等结构信息。

（3）与建筑图配合，明确各板对应的不同建筑功能空间对板结构的影响。

（4）结合结构设计总说明或有关说明，明确板的混凝土强度等级。

（5）结合结构施工图识读完成板结构采集表及识图模拟试题。

板平法施工图识读步骤

任务工单

任务名称	综合识读学生公寓板平法施工图
实训任务描述	(1)实训项目介绍：通过板平法标注规则的学习，会识读楼盖板钢筋布置图。 (2)实训项目目标。 1)掌握标准图集《混凝土结构施工图平面整体表示方法制图规则和构造详图(现浇混凝土框架、剪力墙、梁、板)》(16G101-1)中板集中标注相关规定。 2)掌握标准图集《混凝土结构施工图平面整体表示方法制图规则和构造详图(现浇混凝土框架、剪力墙、梁、板)》(16G101-1)中板原位标注相关规定。 3)识读整体楼盖板钢筋布置图，提交楼盖板识图成果
实训准备	(1)知识准备：已学《建筑识图与构造》相关知识。 (2)案例准备：整体楼盖板平法施工图、标准图集《混凝土结构施工图平面整体表示方法制图规则和构造详图(现浇混凝土框架、剪力墙、梁、板)》(16G101-1)。 (3)工具准备：制图工具。 (4)耗材准备：学生用 4 号绘图纸
学生提交资料	提交整体楼盖板识图成果
考评方案与标准	(1)考评方案。 按职业态度(20%)、实训过程(40%)、实训结果(40%)三方面考核。 (2)考评标准。 1)职业态度(20%)。 ①有认真、严谨的态度(70分)。 ②按时完成实训任务，不早退，不随意旷课(30分)。 2)实训过程(40%)。 ①参与任务讨论的积极性(50分)。 ②任务准备的充分性，课堂回答问题的积极性(50分)。 3)实训结果(40%)。 ①楼盖板集中标注钢筋信息填写准确，无遗漏(45分)。 ②楼盖板原位标注钢筋信息正确，无遗漏(45分)。 ③识图成果正确，信息完整(10分)
识图训练	1. 关于本工程板的规定，下列表达错误的是(　　　)。 　A. 板底部长向钢筋应置于短向钢筋之上；支座处板的长向负筋应置于短向负筋之下 　B. 当板底与梁底平时，板的下部钢筋伸入梁内需弯折后置于梁的下部纵向钢筋之上 　C. 外露的现浇钢筋混凝土女儿墙、栏板、檐口等构件，当其水平直线长度超过 12 m 时，应设置伸缩缝 　D. 板厚为 120 mm 时，板分布钢筋直径为 6 mm，间距为 200 mm 2. 关于本工程楼板的说法，下列表达不正确的是(　　　)。 　A. 本工程四～六层板结构图采用平法进行表达 　B. 本工程屋顶板结构图采用平法进行表达 　C. 五层楼面板图中 LB1 的板面标高为 10.750 m 　D. 六层楼面板图中 LB2 的板面标高为 14.350 m 3. 屋面板配筋图中，未注明的板面钢筋为(　　　)。 　A. $\phi^{RH}6@180$　　　B. $\phi^{RH}6@150$　　　C. $\phi^{RH}6@200$　　　D. $\phi^{RH}6@100$

读书笔记

读书笔记

任务名称	综合识读学生公寓板平法施工图
识图训练	4. 四~六层板配筋图中，LB1 的板厚为(　　) mm。 　A. 120　　　　B. 100　　　　　　C. 150　　　　　　　　D. 140 5. 屋面板配筋图中，⑨~⑩轴交Ⓑ~Ⓔ轴楼板底部贯通纵筋为(　　)。 　A. $\phi^{RH}6@200$　B. $\phi^{RH}6@100$　　　C. $\phi^{RH}6@120$　　　　D. $\phi^{RH}6@150$ 6. 本工程三层楼板混凝土强度等级为(　　)。 　A. C25　　　　B. C20　　　　　　C. C35　　　　　　　　D. C30

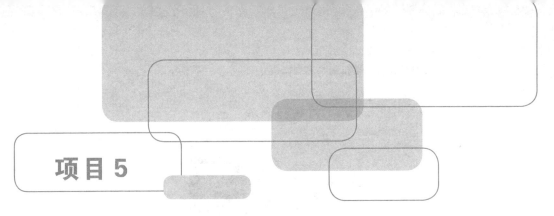

项目5

识读剪力墙平法施工图与绘制剪力墙配筋构造详图

项目描述

剪力墙是在房屋或构筑物中主要承受风荷载或地震作用引起的水平荷载和竖向荷载(重力)的墙体,本项目通过剪力墙平法施工图实际案例,让学生掌握剪力墙平法表示的规定,熟知剪力墙基本的节点配筋及构造要求,能够灵活应用CAD表达剪力墙节点构造详图。

任务1　认知剪力墙构件与钢筋

任务2　学习剪力墙钢筋平法表示规则

任务3　绘制学生公寓剪力墙配筋构造详图

任务4　综合识读学生公寓剪力墙平法施工图

任务1　认知剪力墙构件与钢筋

任务目标

知识目标:熟悉剪力墙的组成和作用,掌握剪力墙配筋的种类和作用。

能力目标:能准确并完整地说出剪力墙的钢筋分类与特点。

素养目标:培养学生的学习兴趣从而热爱自己的专业,通过小组讨论和协作形成团队合作精神。

问题导入

什么是剪力墙?剪力墙由哪些钢筋组成?

认知剪力墙构件与钢筋

知识链接

剪力墙又称抗风墙、抗震墙或结构墙,一般采用钢筋混凝土做成。剪力墙在房屋或构筑物中主要承受风荷载或地震作用引起的水平荷载和竖向荷载(重力),防止结构剪切(受剪)破坏。

 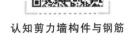

剪力墙结构包含"一墙、二柱、三梁",如图 5-1 所示。

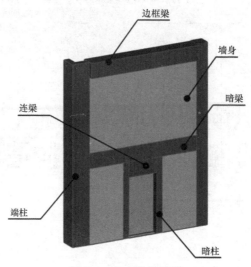

图 5-1　剪力墙的组成

"一墙"指的是一种墙身,"二柱"指的是暗柱和端柱,"三梁"指的是连梁、暗梁和边框梁。

1. 剪力墙身与钢筋

剪力墙的墙身就是一道混凝土墙,常见厚度在 200 mm 以上。剪力墙墙身的钢筋主要由水平分布钢筋、竖向分布钢筋、拉筋组成。当剪力墙配置的分布钢筋多于两排时,剪力墙拉筋两端应同时勾住外排水平纵筋和竖向纵筋,还应与剪力墙内排水平纵筋和竖向纵筋绑扎在一起,如图 5-2 所示。

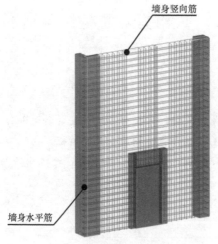

图 5-2　剪力墙身与钢筋示意

2. 剪力墙柱与钢筋

剪力墙柱可分为暗柱和端柱。剪力墙柱的配筋类似框架柱,如图 5-3 所示。暗柱的宽度等于墙的厚度,因此,暗柱隐藏在墙内看不见,端柱的宽度比墙厚度要大。端柱可分为构造边缘构件和约束边缘构件。

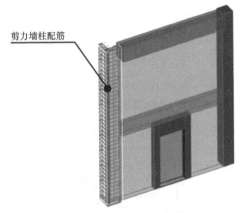

剪力墙柱配筋

图 5-3　剪力墙柱与钢筋示意

3. 剪力墙梁与钢筋

剪力墙梁可分为连梁、暗梁和边框梁。剪力墙梁截面配筋类似框架梁，如图 5-4 所示。连梁是一种特殊的墙身，它是上下楼层窗（门）洞口之间的窗间墙。边框梁的截面宽度大于墙身厚度，因而形成了凸出剪力墙面的一个边框。暗梁宽度同墙厚，是隐藏在墙身内部看不见的构件。

剪力墙梁配筋

图 5-4　剪力墙梁与钢筋示意

课 堂 检 测

1. 在水平荷载作用下，剪力墙的侧移较_____，因此这种结构抗震及抗风性能较强，适合建造层数较_____的高层建筑。

2. 剪力墙由_____、_____、_____组成。

3. 约束边缘构件用于受力_____区域。

思维导图总结

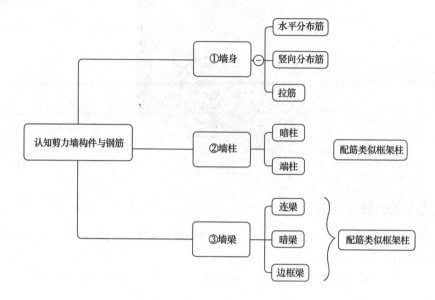

任务2　学习剪力墙钢筋平法表示规则

任务目标

知识目标：掌握剪力墙平法施工图列表表示方法和截面表示方法。

能力目标：能准确识读剪力墙平法施工图。

素养目标：培养学生树立严格遵守国家规范标准的意识和严谨负责的工作习惯；培养学生迎难而上、勇于探究的学习精神；培养学生互帮互助、共同进步的优良品质。

任务2.1　剪力墙列表注写方式

案例导入

按照标准图集的规定，完成图5-5所示剪力墙列表注写方式的识读。

剪力墙梁表

编号	所在楼层号	梁顶相对标高高差	梁截面 b×h	上部纵筋	下部纵筋	箍筋
LL1	2~9	0.800	300×2 000	4Φ25	4Φ25	Φ10@100(2)
	10~16	0.800	250×2 000	4Φ22	4Φ22	Φ10@100(2)
	屋面1		250×1 200	4Φ20	4Φ20	Φ10@100(2)
LL2	3	-1.200	300×2 520	4Φ25	4Φ25	Φ10@150(2)
	4	-0.900	300×2 070	4Φ25	4Φ25	Φ10@150(2)
	5~9	-0.900	300×1 770	4Φ25	4Φ25	Φ10@150(2)
	10~屋面1	-0.900	250×1 770	4Φ22	4Φ22	Φ10@150(2)
LL3	2		300×2 070	4Φ25	4Φ25	Φ10@100(2)
	3		300×1 770	4Φ25	4Φ25	Φ10@100(2)
	4~9		300×1 170	4Φ25	4Φ25	Φ10@100(2)
	10~屋面1		250×1 170	4Φ22	4Φ22	Φ10@100(2)
LL4	2		250×2 070	4Φ20	4Φ20	Φ10@120(2)
	3		250×1 770	4Φ20	4Φ20	Φ10@120(2)
	4~屋面1		250×1 170	4Φ20	4Φ20	Φ10@120(2)
AL1	2~9		300×600	3Φ20	3Φ20	Φ8@150(2)
	10~16		250×500	3Φ18	3Φ18	Φ8@150(2)
BKL1	屋面1		500×750	4Φ22	4Φ22	Φ10@150(2)

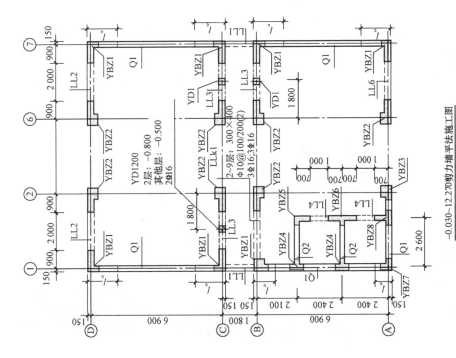

-0.030~12.270剪力墙平法施工图

图5-5　剪力墙列表注写方式

知识链接

剪力墙列表表示

列表注写方式是分别在剪力墙柱表、剪力墙身表和剪力墙梁表中，按照剪力墙平面布置图上的编号，用绘制截面配筋图并注写几何尺寸与配筋具体数值的方式来表达剪力墙平法施工图，如图 5-6 所示。

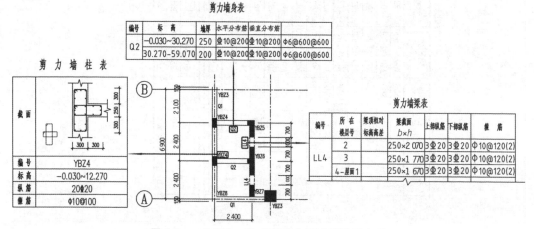

图 5-6　－0.030～12.270 剪力墙列表注写方式

1. 剪力墙柱列表注写

剪力墙柱列表注写需要表达柱编号、起止标高及纵向钢筋和配筋等信息，如图 5-7 所示。

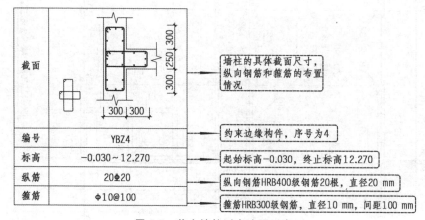

图 5-7　剪力墙柱列表注写示意

(1)剪力墙柱编号由墙柱类型代号和序号组成,见表 5-1。

表 5-1　剪力墙柱编号

墙柱类型	代号	序号
约束边缘构件	YBZ	××
构造边缘构件	GBZ	××
非边缘暗柱	AZ	××
扶壁柱	FBZ	××

(2)剪力墙柱配筋信息,包括纵向钢筋和箍筋。纵向钢筋注总配筋值,箍筋的注写方式与柱箍筋相同。

(3)注写各段剪力墙柱的起止标高,自墙柱根部往上以变截面位置或截面未变但配筋改变处为界分段注写。墙柱根部标高一般是指基础顶面标高(部分框支剪力墙结构则为框支梁顶面标高)。

2. 剪力墙身列表注写

剪力墙身列表注写需要表达剪力墙身编号、各段墙身起止标高、水平分布钢筋、竖向分布钢筋和接续的具体数值等信息,如图 5-8 所示。

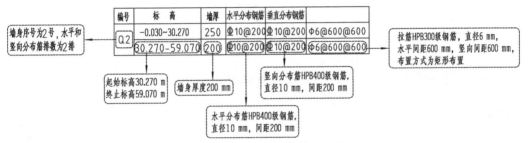

图 5-8　剪力墙身列表注写示意

(1)剪力墙身编号(含水平与竖向分布筋的排数),由墙身代号、序号及墙身所配置的水平与竖向分布筋的排数组成。其中排数注写在括号内,表达为:××(××),当墙身所设置的水平与竖向分布筋的排数为 2 时可不注。

(2)各段墙身起止标高,自墙身根部往上以变截面位置或截面未变但配筋改变处为界分段注写。墙身根部标高一般是指基础顶面标高(部分框支剪力墙结构为框支梁的顶面标高)。

(3)水平分布钢筋、竖向分布钢筋和拉筋的具体数值。注写数值为一排水平分布钢筋和竖向分布钢筋的规格与间距,具体设置几排已经在墙身编号后面表达。拉筋应注明布置"矩阵双向"或"梅花双向"的方式。

3. 剪力墙梁列表注写

剪力墙梁列表注写需要表达剪力墙梁编号、所在楼层号、顶面标高高差、截面尺寸和配筋等信息,如图 5-9 所示。

读书笔记

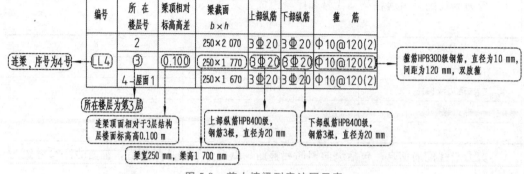

图 5-9　剪力墙梁列表注写示意

(1)剪力墙梁编号由墙梁类型代号和序号组成，见表 5-2。

表 5-2　剪力墙梁编号

墙柱类型	代号	序号
连梁	LL	××
暗梁	AL	××
边框梁	BKL	××

(2)剪力墙梁所在楼层号。

(3)注写墙梁顶面标高高差，是指相对于墙梁所在结构层楼面标高的高差值。高于者为正值，低于者为负值，当无高差时不注。

(4)注写墙梁截面尺寸 $b \times h$，上部纵筋、下部纵筋和箍筋的具体数值。

课 堂 检 测

1. 图 5-5 所示剪力墙平法施工图中的柱边缘构件属于哪一种边缘构件？

2. 图 5-5 所示剪力墙平法施工图中的剪力墙梁列表中有几种类型的墙梁？列举了哪些信息？

3. 绘制图 5-5 所示剪力墙平法施工图中的 LL1 的中部截面图。

思维导图总结

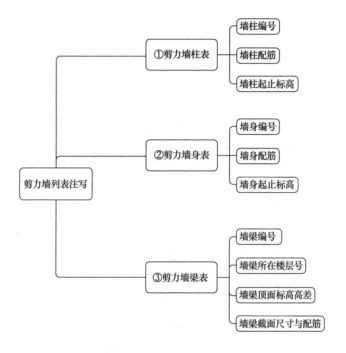

任务 2.2　剪力墙截面注写方式

案例导入

按照标准图集的规定，完成图 5-10 所示剪力墙平法施工图的识读。

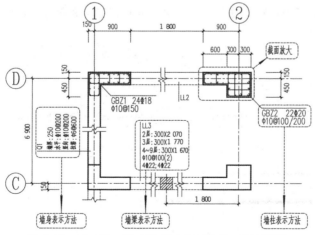

图 5-10　12.270～30.270 剪力墙平法施工图（局部）

知 识 链 接

剪力墙截面注写方式是选用适当比例原位放大绘制剪力墙平面布置图，其中对墙柱绘制配筋截面图；对所有墙柱、墙身、墙梁分别进行编号，并分别在相同编号的墙柱、墙身、墙梁中选择一根墙柱、一道墙身、一根墙梁进行注写。

剪力墙截面表示
与墙洞平法表示

1. 剪力墙柱截面注写

从相同编号的墙柱中选择一个截面，注明几何尺寸，标注全部纵筋及箍筋的具体数值，如图 5-11 所示。

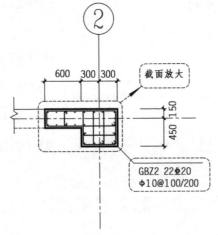

图 5-11　剪力墙柱截面注写示意

2. 剪力墙身截面注写

从相同编号的墙身中选择一道墙身，按顺序引注墙身编号（应包括注写在括号内墙身所配置的水平与竖向分布钢筋的排数）、墙厚尺寸，水平分布钢筋、竖向分布钢筋和拉筋的具体数值，如图 5-12所示。

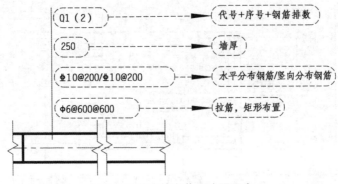

图 5-12　剪力墙身截面注写示意

3. 剪力墙梁截面注写

从相同编号的墙梁中选择一根墙梁，按顺序引注墙梁编号、墙梁截面尺寸 $b \times h$、墙梁箍筋、上部纵筋、下部纵筋和墙梁顶面标高高差的具体数值，如图 5-13 所示。

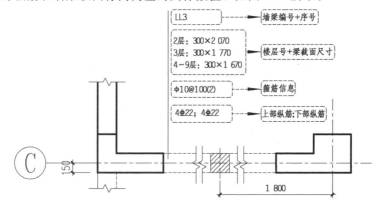

图 5-13　剪力墙梁截面注写示意

当墙身水平分布钢筋不能满足连梁、暗梁及边框梁的梁侧面纵向构造钢筋的要求时，应补充注明梁侧面纵筋的具体数值；注写时，以大写字母 N 打头，接续注写直径与间距。其在支座内的锚固要求同连梁中受力钢筋。

课 堂 检 测

1. 识读案例导入中图 5-10 所示剪力墙平法施工图中的 GBZ2 信息。
2. 识读案例导入中图 5-10 所示剪力墙平法施工图中的 Q1 信息。
3. 识读案例导入中图 5-10 所示剪力墙平法施工图中的 LL3 信息。

注：识图结果如图 5-14 所示剪力墙平法施工图的识图信息。

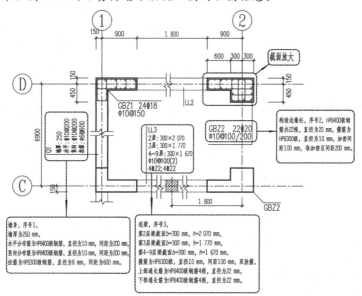

图 5-14　剪力墙平法施工图识图信息

读书笔记

思维导图 总 结

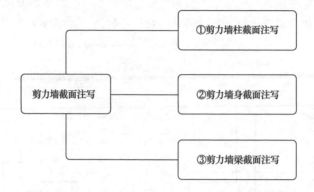

任务 2.3 剪力墙洞口的表示方法

案例 导 入

按照标准图集的规定，完成如图 5-15 所示剪力墙洞口平法施工图的识读。

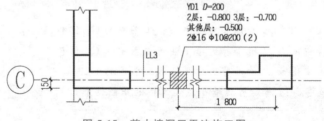

图 5-15 剪力墙洞口平法施工图

知识 链 接

无论采用列表注写方式还是截面注写方式，剪力墙上的洞口均可在剪力墙平面布置图上原位表达，如图 5-16 所示。

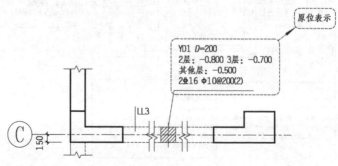

图 5-16 剪力墙洞口原位表达示意

剪力墙洞口表达的内容包括以下几个方面：

(1)在剪力墙平面布置图上绘制洞口示意，并标注洞口中心的平面定位尺寸。

(2)在洞口中心位置引注洞口编号、洞口几何尺寸、洞口中心相对标高和洞口每边补强钢筋四项内容。

1)洞口编号表达为：矩形洞口为 JD××(××为序号)，圆形洞口为 YD××(××为序号)。

2)洞口几何尺寸表达为：矩形洞口为洞宽×洞高($b \times h$)，圆形洞口为洞口直径 D。

3)洞口中心相对标高是相对于结构层楼(地)面标高的洞口中心高度。当其高于结构层楼面时为正值，低于结构层楼面时为负值。

4)洞口每边补强钢筋。当设计注写补强钢筋时，注写的内容包括规格、数量与长度值；当设计未注写时，X 和 Y 向分别按照每边配置两根直径不小于 12 mm 且不小于同向被切断纵向钢筋总面积的 50% 补强，两根补强钢筋之间的净距为 30 mm，环向上下各配置一根直径不小于 10 mm 的补强钢筋，补强钢筋的强度等级与被切断的钢筋相同。

课 堂 检 测

识读图 5-15 所示剪力墙洞口平法施工图中 YD1 的信息。

注：识图结果如图 5-17 所示剪力墙洞口平法施工图识图信息。

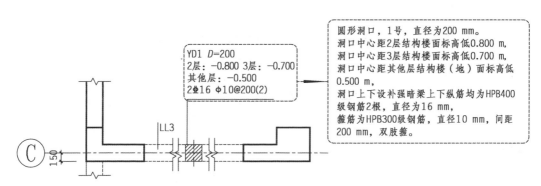

图 5-17　剪力墙洞口平法施工图识图信息

思 维 导 图 总 结

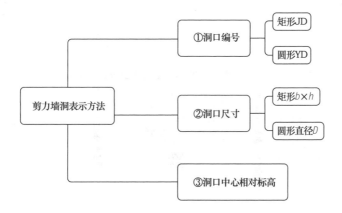

任务 2.4　地下室外墙的表示方法

 案例导入

按照标准图集的规定，完成图 5-18 所示地下室外墙平法施工图的识读。

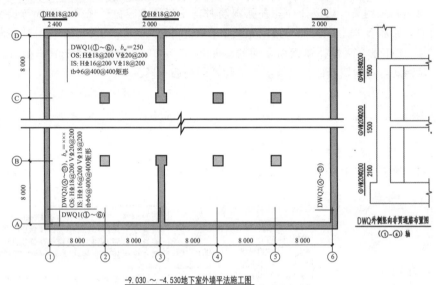

-9.030 ～ -4.530地下室外墙平法施工图

图 5-18　某建筑地下室外墙平法施工图示例

知识链接

地下室外墙仅适用于起挡土作用的地下室外围护墙。地下室外墙中墙柱、连梁及洞口等的表示方法同地上剪力墙，地下室外墙墙身的平面注写包括集中标注和原位标注两个部分，如图 5-19 所示。

地下室剪力外墙
平法表示

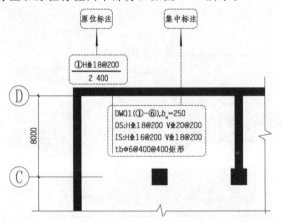

图 5-19　地下室外墙平法表示示意

1. 地下室外墙的集中标注

地下室外墙的集中标注需注写的内容有：墙体编号，厚度，外侧、内侧贯通钢筋和拉筋等。当仅设置贯通钢筋，未设置附加非贯通钢筋时，则仅做集中标注。

(1)地下室外墙编号，包括代号、序号、墙身长度，表达为 DWQ××(××～××轴)。

(2)地下室外墙厚度，b_w＝××。

(3)地下室外墙的外侧、内侧贯通钢筋和拉筋信息。

水平贯通钢筋以 H 打头注写，竖向贯通钢筋以 V 打头注写；外墙外侧贯通钢筋以 OS 打头注写，内侧贯通钢筋以 IS 打头注写；拉结筋直径、强度等级及间距以 tb 打头注写，并注明"矩形"或"梅花"。

2. 地下室外墙的原位标注

地下室外墙的原位标注主要表示在外墙外侧配置的水平非贯通钢筋或竖向非贯通钢筋。

(1)水平非贯通钢筋在地下室外墙外侧绘制粗实线段表示，在其上注写钢筋编号并以 H 打头注写钢筋强度等级、直径、分布间距，以及自支座中线向两边跨内的伸出长度值(从支座外边缘算起)。当自支座中线向两侧对称伸出时，可仅在单侧标注跨内伸出长度，另一侧不注，此种情况下非贯通钢筋总长度为标注长度的 2 倍。

(2)地下室外墙外侧非贯通钢筋通常采用"隔一布一"的方式与集中标注的贯通钢筋间隔布置，其标注间距应与贯通钢筋相同，两者组合后的实际分布间距为各自标注间距的 1/2。

(3)竖向非贯通钢筋在地下室外墙竖向剖面图外侧绘制粗实线段表示，在其上注写钢筋编号并以 V 打头注写钢筋强度等级、直径、分布间距，以及向上(下)层的伸出长度值，并在外墙竖向剖面图名下注明分布范围(××～××轴)。竖向非贯通钢筋向层内的伸出长度值注写方式如下：

1)地下室外墙底部非贯通钢筋向层内的伸出长度值从基础底板顶面算起。

2)地下室外墙顶部非贯通钢筋向层内的伸出长度值从顶板底面算起。

3)中层楼板处非贯通钢筋向层内的伸出长度值从板中间算起，当上下两侧伸出长度值相同时可仅注写一侧。

(4)地下室外墙外侧水平、竖向非贯通钢筋配置相同者，可仅选择一处注写，其他可仅注写编号，当在地下室外墙顶部设置水平通长加强钢筋时应注明。

课　堂 检　测

识读图 5-18 所示地下室外墙平法施工图中 DWQ1 的信息。

注：识图结果如图 5-20 所示地下室外墙平法施工图识图信息。

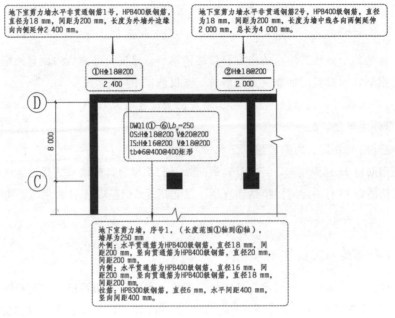

图 5-20　地下室外墙平法施工图识图信息

思维导图总结

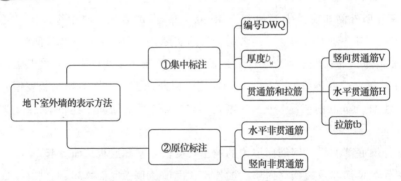

任务3　绘制学生公寓剪力墙配筋构造详图

任务目标

知识目标：掌握标准图集中剪力墙钢筋常用构造，熟练掌握 CAD 绘图的方法。

能力目标：能根据图纸信息灵活应用构造节点，使用 CAD 软件表达剪力墙配筋构造详图。

素养目标：通过 CAD 软件完成绘制施工图的任务，增强动手能力，培养学生一丝不苟、精益求精的工匠精神。

任务导入

根据学生公寓楼结构施工图变更要求，①轴交④轴处剪力墙 Q 在−0.050～3.550 标高墙体厚度更改为 300 mm，3.550 m 标高处梁高更改为 500 mm，3.550 m 标高以上墙体厚度为 200 mm，配筋信息不变，请在 3.550 m 处高度方向上、下各 1 m 范围内绘制竖向钢筋构造详图。绘图所需信息可通过识图在结构施工图中获取，出图比例为 1∶50，钢筋采用线宽为 0.25 mm 的多段线绘制。

剪力墙配筋
构造要求

（1）绘制 3.550 m 标高处剪力墙上下截面变化情况，标注剪力墙上下厚度，绘制部分楼板轮廓，标注板面标高。

（2）绘制剪力墙变截面处上下段墙体水平分布钢筋与竖向分布钢筋的位置及拉筋，标注钢筋直径、间距。

（3）绘制剪力墙竖向分布钢筋在变截面处的做法，标注锚固长度或水平投影长度。

知识链接

剪力墙变截面处竖向钢筋构造包含墙柱和墙身的竖向钢筋变截面构造。《混凝土结构施工图平面整体表示方法制图规则和构造详图（现浇混凝土框架、剪力墙、梁、板）》（16G101−1）图集第 74 页给出了四幅剪力墙变截面处竖向钢筋构造图，如图 5-21 所示。

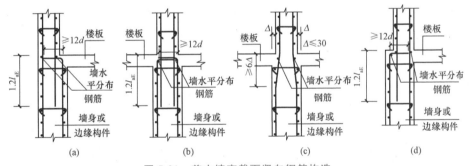

图 5-21　剪力墙变截面竖向钢筋构造

1. 边柱或边墙的竖向钢筋变截面构造

图 5-21(a)、(d)是边柱或边墙的竖向钢筋变截面构造，图(a)为墙内侧变截面，图(d)为墙外侧变截面，钢筋构造做法如下：

（1）非变截面一侧的竖向钢筋垂直地通到上一楼层，符合"能通则通"的原则。

（2）变截面一侧的竖向钢筋伸到楼板顶部以下再水平弯折到对边。上一层的竖向钢筋锚入当前楼层 1.2laE。

2. 中柱或中间墙体的竖向钢筋变截面构造

图 5-21(b)、(c)是中柱或中间墙体的竖向钢筋变截面构造，钢筋构造做法如下：

（1）图 5-21(b)的构造做法为当前楼层的墙柱或墙身的竖向钢筋伸到楼板顶部以下然后弯折

读书笔记

≥12d、上一层的墙柱或墙身的竖向钢筋锚入当前楼层 1.2laE。

（2）图 5-21(c)的构造做法为当△满足≤30 的条件时，当前楼层的墙柱或墙身的竖向钢筋不切断，而是以 1/6 钢筋斜率的方式弯曲伸到上一楼层。

任务分析

（1）按照绘图要求，绘制构件轮廓线，如图 5-22 所示。

（2）查看《混凝土结构施工图平面整体表示方法制图规则和构造详图（现浇混凝土框架、剪力墙、梁、板）》(16G101－1)图集剪力墙变截面处竖向钢筋构造，确定节点构造，绘制不需要弯折或截断的墙身竖向钢筋和水平钢筋，如图 5-23 所示。

（3）按照图集要求计算下部墙竖向钢筋伸至楼板面的方式和长度，上部墙竖向钢筋向下的锚固长度，并绘制完成，如图 5-24 所示。

（4）按构造要求绘制剪力墙拉筋，如图 5-25 所示。

（5）整理图形，完善尺寸标注、配筋、图名、比例等信息，如图 5-26 所示。

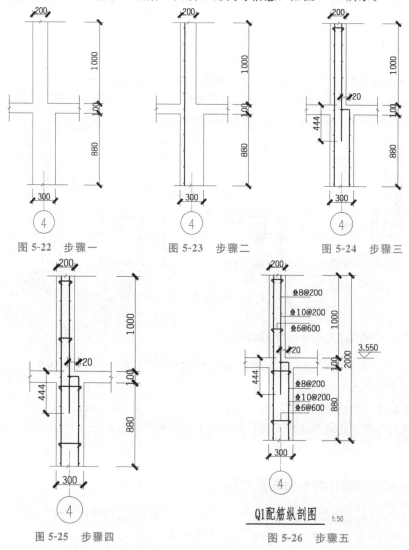

图 5-22　步骤一　　　　图 5-23　步骤二　　　　图 5-24　步骤三

图 5-25　步骤四

Q1配筋纵剖图　1:50

图 5-26　步骤五

任务 4　综合识读学生公寓剪力墙平法施工图

任务引入

根据学生公寓楼案例图纸，完成剪力墙构件的信息采集表。

任务实施

剪力墙施工图
识读步骤

剪力墙平面布置图可采用适当比例单独绘制，也可与柱或梁平面布置图合并绘制。当剪力墙较复杂或采用截面注写方式时，应按标准层分别绘制剪力墙平面布置图。对于轴线未居中的剪力墙（包括端柱），应标注其偏心定位尺寸。

（1）查看图名、比例。

（2）与建筑图配合，明确各段剪力墙的暗柱和端柱的编号、数量及位置，墙身的编号和长度，洞口的定位尺寸。

（3）所有洞口的上方必须设置连梁，且连梁的编号应与剪力墙洞口编号对应。根据连梁的编号，查阅剪力墙梁表或图中标注，明确连梁的截面尺寸、标高和配筋情况。再根据抗震等级、设计要求和标准构造详图确定纵向钢筋与箍筋的构造要求，如纵向钢筋伸入墙内的锚固长度、箍筋的位置要求等。

（4）根据各段剪力墙身的编号，查阅剪力墙身表或图中标注，明确剪力墙身的厚度、标高和配筋情况。再根据抗震等级、设计要求和标准构造详图确定水平分布钢筋、竖向分布钢筋和拉筋的构造要求，如水平钢筋的锚固和搭接长度、弯折要求、竖向钢筋的连接方式、位置和搭接长度、弯折的锚固要求。

任务工单

任务名称	综合识读学生公寓剪力墙平法施工图					
实训任务描述	（1）实训项目介绍：根据学生公寓楼案例图纸，完成剪力墙构件的信息采集表。 （2）实训项目目标。 1）掌握标准图集《混凝土结构施工图平面整体表示方法制图规则和构造详图（现浇混凝土框架、剪力墙、梁、板）》(16G101—1)中剪力墙列表表示相关规定； 2）掌握标准图集《混凝土结构施工图平面整体表示方法制图规则和构造详图（现浇混凝土框架、剪力墙、梁、板）》(16G101—1)中剪力墙截面表示相关规定； 3）识读剪力墙钢筋布置图，提交剪力墙识图成果					

读书笔记

任务名称	综合识读学生公寓剪力墙平法施工图
实训准备	(1)知识准备：已学《建筑识图与构造》相关知识。 (2)资料准备：学生公寓施工图、标准图集《混凝土结构施工图平面整体表示方法制图规则和构造详图(现浇混凝土框架、剪力墙、梁、板)》(16G101－1)
学生提交资料	提交剪力墙识图成果
考评方案与标准	(1)考评方案。 按职业态度(20%)、实训过程(40%)、实训结果(40%)三方面考核。 (2)考评标准。 1)职业态度(20%)。 ①有认真、严谨的态度(70分)。 ②按时完成实训任务，不早退，不随意旷课(30分)。 2)实训过程(40%)。 ①参与任务讨论的积极性(50分)。 ②任务准备的充分性，课堂回答问题的积极性(50分)。 3)实训结果(40%)。 ①剪力墙轴线位置准确(10分)。 ②剪力墙信息列表填写准确，无遗漏(40分)。 ③剪力墙截面注写正确，无遗漏(40分)。 ④识图成果正确，信息完整(10分)
识图训练	1. 本工程基底～－3.650 m柱、剪力墙平面图中有(　　)种墙身类型。 　　A. 1　　　　　　　　B. 2　　　　　　　　C. 3　　　　　　　　D. 4 2. 本工程剪力墙约束边缘构件设置范围为(　　)层。 　　A. 1～2　　　　　　B. 1～3　　　　　　C. 1～4　　　　　　D. 1～5 3. 本工程－3.650～－0.050 m柱、剪力墙平面图中，剪力墙Q1和Q2的信息中以下表述有误的是(　　)。 　　A. 钢筋型号相同　　　　　　　　　　B. 水平分布钢筋间距不同 　　C. 竖向分布钢筋间距不同　　　　　　D. 墙体厚度不同 4. 本工程LL的顶面标高是(　　)m。 　　A. 3.550　　　　　　B. 2.570　　　　　　C. 3.500　　　　　　D. 2.520 5. 下列编号不属于本工程剪力墙编号的是(　　)。 　　A. AL　　　　　　　B. FBZ　　　　　　　C. LL　　　　　　　D. YBZ 6. 剪力墙的墙身钢身包括(　　)。 　　A. 拉结筋　　　　　B. 纵向钢筋　　　　　C. 竖向分布钢筋　　　D. 水平分布钢筋

项目6

识读楼梯平法施工图与绘制楼梯配筋构造详图

项目描述

本项目通过学生公寓楼实际工程案例，引入楼梯平法制图规则，让学生熟知楼梯平法表示的规定，掌握基本的楼梯节点配筋及构造要求，并能够灵活应用 CAD 绘制楼梯节点构造详图。

任务1　认知板式楼梯构件与钢筋

任务2　学习楼梯钢筋平法表示规则

任务3　绘制学生公寓楼梯配筋构造详图

任务4　综合识读学生公寓楼梯平法施工图

任务 1　认知板式楼梯构件与钢筋

任务目标

知识目标：熟悉钢筋混凝土板式楼梯的分类，掌握板式楼梯中钢筋的种类和作用。

能力目标：能准确并完整地说出钢筋混凝土板式楼梯的分类和特点；能准确区分楼梯中钢筋的类别和作用。

素养目标：提高学生学习专业知识的兴趣；提高对职业的认同感，锻炼团队协作的能力。

问题导入

(1)在日常生活中，自己见到过什么形式的楼梯？它们的特点是什么？

(2)结合建筑识图专业知识，回顾楼梯有哪些种类？

(3)结合已学知识和经验，判断楼梯中需要配置哪几种钢筋？分别起什么作用？

知 识 链 接

1. 现浇钢筋混凝土楼梯的整体介绍

在房屋建筑中，楼梯是建筑物的一个重要组成部分，起到联系垂直交通和承重的作用。

现浇整体式钢筋混凝土楼梯是常见的一种楼梯形式，是指将楼梯段、休息平台和平台梁在施工现场浇筑成一个整体的楼梯，如图 6-1 所示。这种楼梯具有整体性好、抗震性强、耐久和耐火性能好、造型灵活等优点，可分为板式楼梯和梁式楼梯。本书重点介绍板式楼梯。

图 6-1　现浇混凝土板式楼梯

2. 板式楼梯相关知识

（1）板式楼梯组成。从结构上来看，板式楼梯由梯段板、休息平台、梯柱、梯梁等几部分组成，如图 6-2 所示。从力学角度来看，板式楼梯的梯段相当于一块斜放的现浇板，梯梁或平台梁是其支座，荷载沿着"梯段板→梯梁或平台梁→墙或柱"这一路线进行传递。

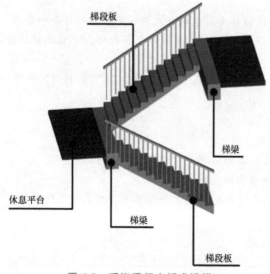

认知楼梯构件与
钢筋(楼梯构件类型)

图 6-2　现浇混凝土板式楼梯

(2)板式楼梯的类型。《混凝土结构施工图平面整体表示方法制图规则和构造详图(现浇混凝土板式楼梯)》(16G101－2)将板式楼梯划分成了 12 种,包括 AT、BT、CT、DT、ET、FT、GT、ATa、ATb、ATc、CTa、CTb。

1)AT 型楼梯。梯板全部由踏步段构成,梯板的两端分别以低端和高端的梯梁为支座,楼梯不采取抗震构造措施,不参与结构整体抗震计算,如图 6-3 所示。

2)BT 型楼梯。梯板由低端平板和踏步段构成,梯板的两端分别以低端和高端的梯梁为支座,楼梯不采取抗震构造措施,不参与结构整体抗震计算,如图 6-4 所示。

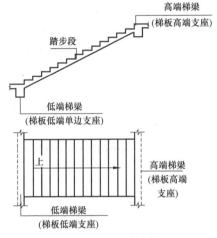 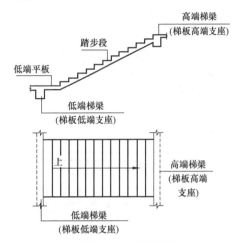

图 6-3　AT 型楼梯　　　　　　　　　　图 6-4　BT 型楼梯

3)CT 型楼梯。梯板由踏步段和高端平板构成,梯板的两端分别以低端和高端的梯梁为支座,楼梯不采取抗震构造措施,不参与结构整体抗震计算,如图 6-5 所示。

4)DT 型楼梯。梯板由低端平板、踏步段和高端平板构成,梯板的两端分别以低端和高端的梯梁为支座,楼梯不采取抗震构造措施,不参与结构整体抗震计算,如图 6-6 所示。

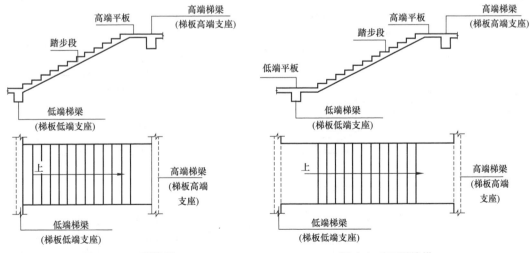

图 6-5　CT 型楼梯　　　　　　　　　　图 6-6　DT 型楼梯

5)ET 型楼梯。ET 型梯板由低端踏步段、中位平板和高端踏步段构成,梯板的两端分别以低端和高端的梯梁为支座,楼梯不采取抗震构造措施,不参与结构整体抗震计算,如图 6-7 所示。

6)FT 型楼梯。FT 型楼梯由两跑踏步段和连接它们的楼层平板及层间平板组成，梯板的楼层平板和层间平板均采用三边支承，楼梯不采取抗震构造措施，不参与结构整体抗震计算，如图 6-8 所示。

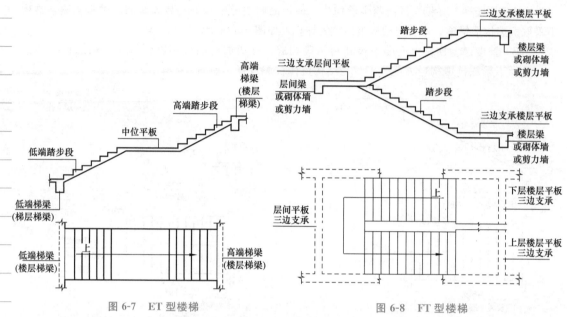

图 6-7　ET 型楼梯　　　　　　　　　　图 6-8　FT 型楼梯

7)GT 型楼梯。GT 型楼梯由两跑踏步段和层间平板组成，梯板一端的层间平板采用三边支承，另一端的梯板段采用单边支承，楼梯不采取抗震构造措施，不参与结构整体抗震计算，如图 6-9 所示。

8)ATa 型楼梯。ATa 型楼梯为带滑动支座的板式楼梯，梯板全部由踏步段构成，其支承方式为梯板高端均支承在梯梁上，低端带滑动支座支承在梯梁上，楼梯要考虑抗震构造措施，但不参与结构整体抗震计算，梯板采用双层双向配筋，如图 6-10 所示。

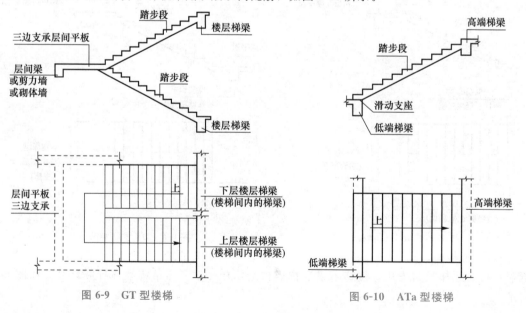

图 6-9　GT 型楼梯　　　　　　　　　　图 6-10　ATa 型楼梯

9)ATb 型楼梯。ATb 型为带滑动支座的板式楼梯，梯板全部由踏步段构成，其支承方式为梯板高端均支承在梯梁上，梯板低端带滑动支座支承在梯梁的挑板上，楼梯要考虑抗震构造措施，但不参与结构整体抗震计算，梯板采用双层双向配筋，如图 6-11 所示。

10)ATc 型楼梯。ATc 型梯板全部由踏步段构成，休息平台与主体结构可整体连接，也可脱开连接，其支承方式为梯板两端均支承在梯梁上，ATc 型梯板两侧设置边缘构件（暗梁）。楼梯要考虑抗震构造措施，也参与结构整体抗震计算，梯板采用双层双向配筋，如图 6-12 所示。

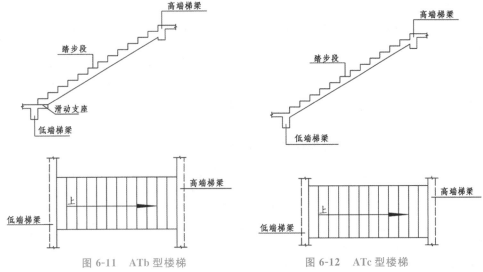

图 6-11　ATb 型楼梯　　　　　　图 6-12　ATc 型楼梯

注：CTa 和 CTb 型楼梯参见《混凝土结构施工图平面整体表示方法制图规则和构造详图（现浇混凝土板式楼梯)》(16G101—2)。

（3）梯板内的钢筋种类。AT 型梯板内配筋如图 6-13 所示。其他类型梯板配筋见《混凝土结构施工图平面整体表示方法制图规则和构造详图（现浇混凝土板式楼梯)》(16G101—2)。

读书笔记

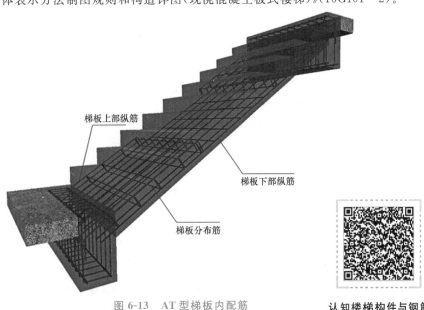

图 6-13　AT 型梯板内配筋

认知楼梯构件与钢筋
（楼梯内的钢筋种类）

梯板内钢筋种类主要包含以下几种：

1)上部纵筋(非贯通)。上部纵筋(非贯通)用于 AT～DT、FT 和 GT(梯板厚度小于 150 mm)类型楼梯的梯板上部，配置形式类似于楼板的上部非贯通纵筋。由于此类楼梯不考虑抗震构造措施也不参与抗震计算，故其主要起承受支座处负弯矩、防止支座上部混凝土开裂的作用。

2)上部纵筋(贯通)。上部纵筋(贯通)主要用于 ATa、ATb、ATc、CTa、CTb 类型楼梯的梯板上部，能满足这五类楼梯需要考虑抗震构造措施的要求，承受支座负弯矩及地震作用导致梯板上部产生的拉力。

3)下部纵筋。下部纵筋是梯板下部主要的受力钢筋，沿梯板长度方向布置，承受梯板因承受荷载而产生的弯矩及拉力。

4)分布钢筋。分布钢筋与上部、下部纵筋垂直布置，起辅助传力、固定纵筋形成纵横向钢筋网片的作用，同时，也能防止因混凝土的收缩和温度变化导致的裂缝。此处需要注意的是，对于 AT～GT 类型楼梯，分布钢筋布置于上、下部纵筋内侧；对于 ATa～CTb 类型楼梯，分布钢筋布置于上、下部纵筋外侧。

5)边缘构件纵筋(暗梁)。边缘构件纵筋(暗梁)用于 ATc 型楼梯梯板两侧设置的边缘构件中，当抗震等级为一、二级时不少于 6 根，当抗震等级为三、四级时，不少于 4 根。

6)边缘构件箍筋。用于 ATc 型楼边缘构件中，箍筋直径不小于 φ6，间距不大于 200 mm。

(4)梯板下部滑动支座的构造。考虑抗震构造措施的梯板下部支座处可设置滑动支座，垫板可选用聚四氟乙烯板，如图 6-14 所示；也可选用钢板或厚度大于 0.5 mm 的塑料片[见《混凝土结构施工图平面整体表示方法制图规则和构造详图(现浇混凝土板式楼梯)》(16G101－2)中的做法]，也可采用其他能保证有效滑动的材料，采用何种做法应由设计指定。

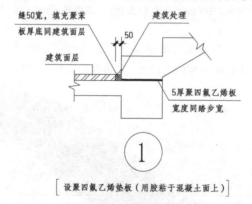

图 6-14 滑动支座构造

课 堂 检 测

1. 按照施工方式，楼梯可以分为 _____ 和 _____ 。
2. 板式楼梯荷载传递路线是 _____ 。
3. 板式楼梯中常见钢筋有哪几类？
4. 板式楼梯主要包含哪些结构构件？
5. 案例图纸中的楼梯平法施工图中所示楼梯属于哪一种楼梯类型？
6. 案例图纸中的楼梯平法施工图中所示楼梯是否需要考虑抗震构造措施、是否参与抗震计算？
7. AT 及 DT 型板式楼梯的区别是什么？

思维导图总结

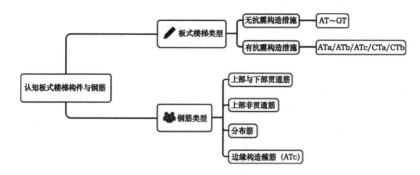

任务2 学习楼梯钢筋平法表示规则

任务目标

知识目标: 掌握楼梯平法施工图制图规则中平面表示方法、剖面表示方法、列表表示方法。

能力目标: 能准确识读楼梯平法施工图。

素养目标: 通过制图规范的学习,养成严格遵守国家规范标准的意识和严谨、负责的工作态度。

案例导入

根据标准图集的规定,完成图6-15所示楼梯平法施工图的识读。

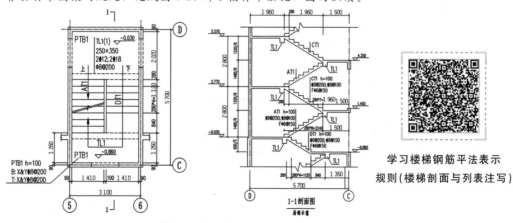

图6-15 楼梯平法表示方法

知识链接

《混凝土结构施工图平面整体表示方法制图规则和构造详图(现浇混凝土板式楼梯)》(16G101—2)

的制图规则中主要表达梯板的表示方法，梯梁、梯柱、平台板等构件的平法表示方法则参见《混凝土结构施工图平面整体表示方法制图规则和构造详图（现浇混凝土框架、剪力墙、梁、板）》（16G101—1）。现浇混凝土板式楼梯平法施工图注写方式有平面注写、剖面注写和列表注写三种表达方式，使用时可以任选其一。

1. 平面注写方式

平面注写方式是在楼梯平面布置图上注写截面尺寸和配筋具体数值的方式来表达楼梯施工图，包括集中标注和外围标注，如图 6-16 所示。

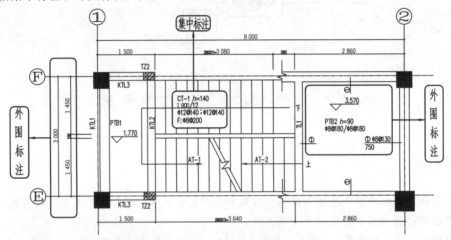

图 6-16　楼梯平面注写方式

（1）集中标注。集中标注包含以下五项必须标注的内容，如图 6-17 所示。

1）梯板类型代号与序号，如 AT××。

2）梯板厚度，注写为 $h=×××$。当为带平板的梯板且梯段板厚度和平板厚度不同时，可在梯段板厚度后面括号内以字母 P 打头注写平板厚度。

3）踏步段总高度和踏步级数之间以"/"分隔。

4）梯板支座上部纵筋、下部纵筋之间以";"分隔。

5）梯板分布钢筋，以 F 打头注写分布钢筋具体值，该项也可在图中统一说明。

注：对于 ATc 型楼梯还应注明梯板两侧边缘构件纵向钢筋及箍筋。

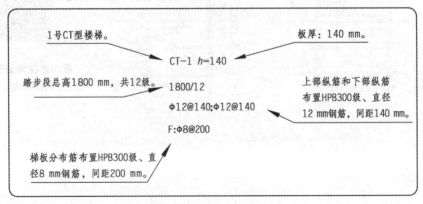

图 6-17　楼梯集中标注

（2）外围标注。外围标注的内容包括楼梯间的平面尺寸、楼层结构标高、层间结构标高、楼梯的上下方向、梯板的平面几何尺寸、平台板配筋、梯梁及梯柱配筋等，如图 6-18 所示。

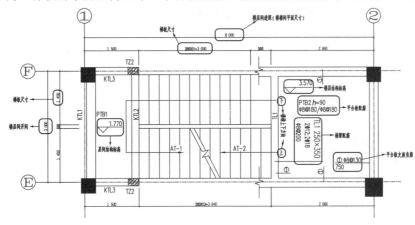

图 6-18　楼梯外围标注

2. 剖面注写方式

剖面注写方式需要在楼梯平法施工图中绘制楼梯平面布置图和楼梯剖面图，注写方式分平面注写、剖面注写两部分，如图 6-19 所示。

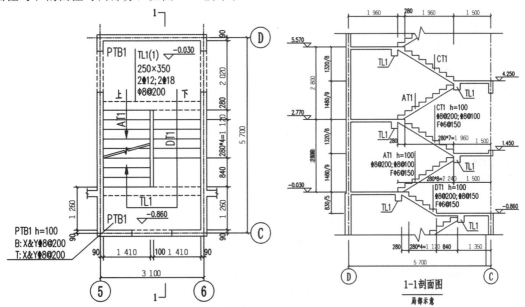

图 6-19　楼梯剖面注写方式

（1）平面注写：包括楼梯间的平面尺寸、楼层结构标高、层间结构标高、楼梯的上下方向、梯板的平面几何尺寸、梯板类型及编号、平台板配筋、梯梁及梯柱配筋等。

（2）剖面注写：包括梯板集中标注、梯梁梯柱编号、梯板水平及竖向尺寸、楼层结构标高、层间结构标高等。梯板集中标注的内容有四项，具体规定如下：

1）梯板类型及编号，如 AT××。

学习楼梯钢筋平法表示
规则（楼梯剖面与列表注写）

2)梯板厚度，注写为 $h＝\times\times\times$。当梯板由踏步段和平板构成，且踏步段梯板厚度和平板厚度不同时，可在梯板厚度后面括号内以字母 P 打头注写平板厚度。

3)梯板配筋。注明梯板上部纵筋和梯板下部纵筋，用分号";"将上部与下部纵筋的配筋值分隔开。

4)梯板分布钢筋，以 F 打头注写分布钢筋具体值，该项也可在图中统一说明。

对于 ATc 型楼梯还应注明梯板两侧边缘构件纵向钢筋及箍筋。

3. 列表注写方式

列表注写方式是用列表方式注写梯板截面尺寸和配筋具体数值的方式来表达楼梯施工图。注写的具体要求同剖面注写方式，仅将剖面注写方式中的梯板配筋集中标注注写项改为列表注写项，见表 6-1。

表 6-1　楼梯列表注写方式

梯板编号	踏步段总高度/踏步级数	板厚 h	上部纵向钢筋	下部纵向钢筋	分布钢筋
AT1	1 480/9	100	⊈8@200	⊈8@200	Φ6@150
CT1	1 320/8	100	⊈8@200	⊈8@200	Φ6@150
DT1	830/5	100	⊈8@200	⊈8@150	Φ6@150

课堂检测

1. 楼梯集中标注中 2 500/15 表示什么意思？

2. 楼梯剖面注写方式包括＿＿＿＿＿＿＿和＿＿＿＿＿＿＿两部分。

3. 楼梯集中标注中 F 打头注写的钢筋为＿＿＿＿＿＿＿钢筋。

4. 楼梯平面注写方式中，踏步段水平长度在＿＿＿＿＿＿＿进行注写。

5. 楼梯集中标注"⊈10@200"中；⊈12@100 表示什么意思？

思维导图总结

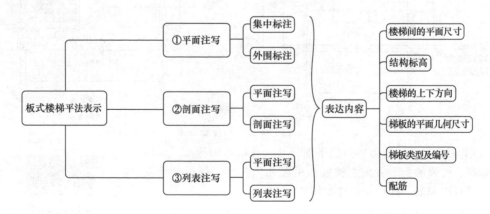

任务3 绘制学生公寓楼梯配筋构造详图

任务目标

知识目标： 掌握标准图集中楼梯钢筋的常用构造，掌握 CAD 楼梯施工图的绘制方法。

能力目标： 能根据图纸信息灵活应用构造节点，能使用 CAD 软件绘制楼梯配筋构造详图。

素养目标： 通过 CAD 软件完成绘制施工图的任务，提高动手能力，养成一丝不苟、精益求精的工作态度。

任务导入

根据学生公寓楼结构施工图，绘制 4# 楼梯标高为 3.550～4.350 m 范围内 $C-C$ 楼梯配筋纵剖面图，绘图所需信息可通过识图在结构施工图中获取，出图比例为 1：50。钢筋采用线宽为 0.25 mm 的多段线绘制。

楼梯配筋
构造要求

知识链接

1. AT 型楼梯梯板构造

AT 型楼梯梯板全部由踏步段构成，两端均以梯梁为支座，如图 6-20 所示。其钢筋构造如下：

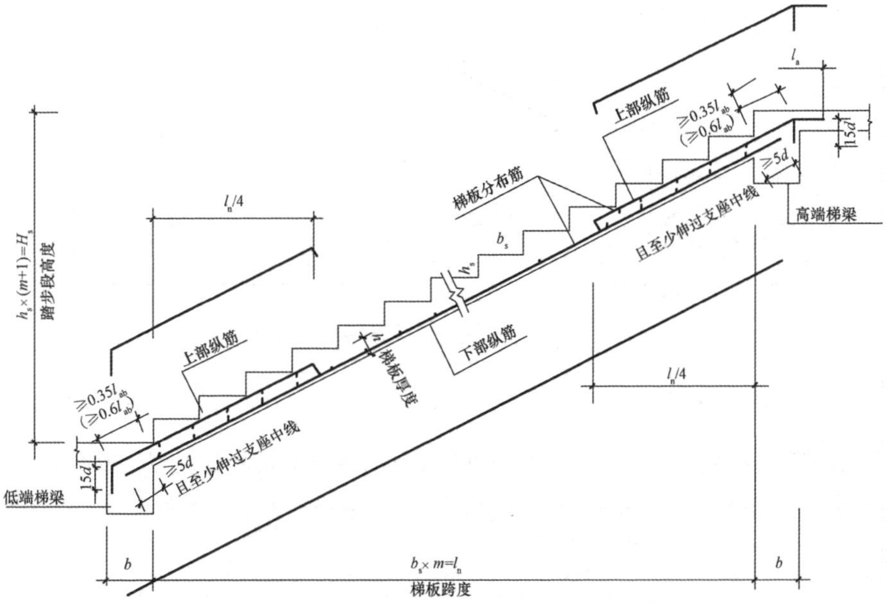

图 6-20 AT 型楼梯梯板配筋构造

（1）下部纵筋端部要求伸过支座中线且不小于 $5d$。

（2）上部纵筋需伸至支座对边再向下弯折 $15d$，当有条件时可直接伸入平台板内锚固，从支座内边算起总锚固长度不小于 l_{a}。

（3）上部纵筋支座内锚固长度 $0.35l_{ab}$ 用于设计按铰接的情况，括号内数 $0.6l_{ab}$ 用于设计考虑充分发挥钢筋抗拉强度的情况，具体工程中设计应指明采用何种情况。

（4）上部纵筋向跨内的水平延伸长度为 $l_{n}/4$。

（5）分布钢筋垂直于纵筋布置。

2. BT 型楼梯梯板构造

BT 型楼梯是梯段板包含踏步段和低端平台板。其主要钢筋构造同 AT 型楼梯，主要区别是在低端平台板处上部钢筋形成了内折角，如钢筋贯通布置，则此处将产生较大的向外合力，可能使混凝土崩落，导致钢筋失去作用。因此，应需将受力钢筋采用分离式布置，并分别满足钢筋的锚固要求（不小于 l_{a}），如图 6-21 所示。

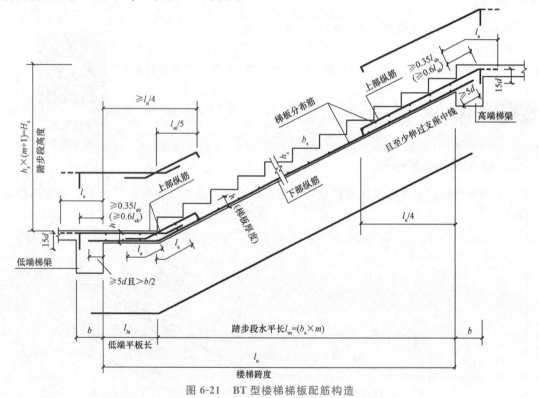

图 6-21　BT 型楼梯梯板配筋构造

3. ATc 型楼梯梯板构造

ATc 型楼梯是考虑抗震构造措施并参与整体结构抗震计算的楼梯类型，如图 6-22 所示。其构造如下：

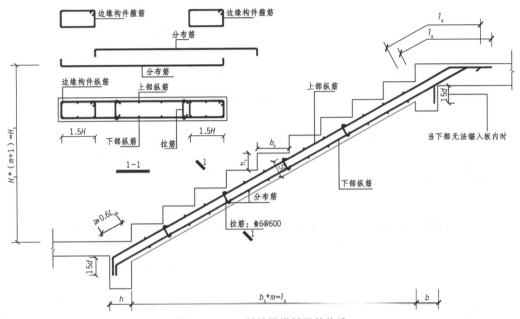

图 6-22　ATc 型楼梯梯板配筋构造

（1）梯板上下部均配置贯通纵筋。

（2）上部纵筋需伸至支座对边再向下弯折。

（3）分布钢筋位于纵筋外侧，梯板钢筋采用 φ6 拉结筋拉结，间距为 600 mm。

（4）钢筋均应采用符合抗震性能要求的热轧钢筋。

（5）边缘构件宽度取 1.5 倍板厚；边缘构件纵筋数量，当抗震等级为一、二级时不少于 6 根，当抗震等级为三、四级时不少于 4 根；箍筋直径不小于 φ6，间距不大于 200 mm。

任务分析

（1）绘制定位轴线、构件轮廓线，如图 6-23 所示。

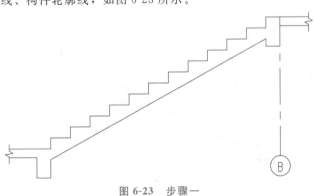

图 6-23　步骤一

（2）绘制楼梯下部纵筋，下部纵筋分别锚入高端梯梁和低端梯梁，锚固长度满足过支座中线且≥5d，如图 6-24 所示。

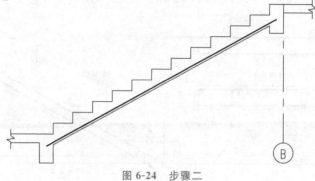

图 6-24　步骤二

(3)计算上部纵筋向跨内水平延伸长度，绘制上部纵筋，其在支座内的锚固需满足伸至支座对边再向下弯折 $15d$，如图 6-25 所示。

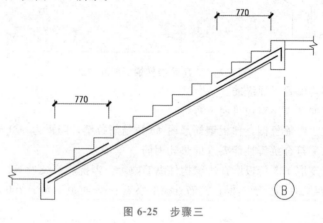

770

770

图 6-25　步骤三

(4)绘制梯板分布钢筋，如图 6-26 所示。

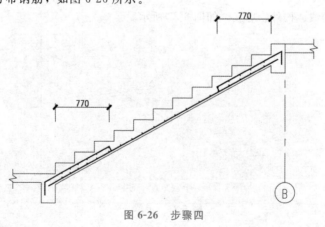

770

770

图 6-26　步骤四

(5)整理图形，完善尺寸标注、配筋、图名、比例等信息，如图 6-27 所示。

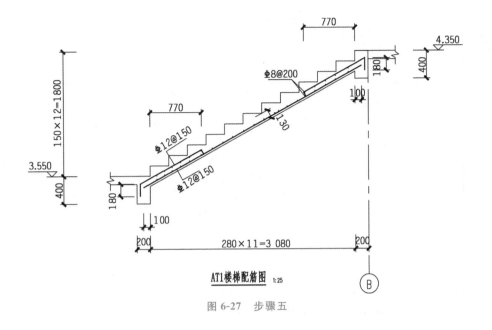

AT1楼梯配筋图 1:25

图 6-27 步骤五

任务4 综合识读学生公寓楼梯平法施工图

任务引入

根据学生公寓楼案例图纸，完成楼梯构件的信息采集表。

任务实施

楼梯的图纸表达可以采用平面注写方式、剖面注写方式或列表注写方式。请根据给定的公寓楼楼梯结构施工图，完成以下识图任务：

(1)查看图名、比例，楼梯结构图的数量与对应的楼层关系。

(2)查看楼梯梯板的类型、配筋，楼梯的上下行方向。

(3)查看梯梁、梯柱、平台板的数量、位置及配筋。

(4)阅读结构设计总说明或有关说明，明确楼梯的混凝土强度等级。

(5)识读楼梯施工图外围尺寸，掌握楼梯构件的尺寸信息。

楼梯施工图识读步骤

读书笔记

任务工单

任务名称	综合识读学生公寓楼梯平法施工图
实训任务描述	(1)实训项目介绍：根据学生公寓楼案例图纸，完成楼梯构件的信息采集表。 (2)实训项目目标。 1)掌握标准图集《混凝土结构施工图平面整体表示方法制图规则和构造详图(现浇混凝土板式楼梯)》(16G101－2)中楼梯类型及编号相关规定； 2)掌握标准图集《混凝土结构施工图平面整体表示方法制图规则和构造详图(现浇混凝土板式楼梯)》(16G101－2)中楼梯平法表示相关规定； 3)识读楼梯结构施工图，提交楼梯识图成果
实训准备	(1)知识准备：已学《建筑识图与构造》相关知识。 (2)资料准备：学生公寓施工图、标准图集《混凝土结构施工图平面整体表示方法制图规则和构造详图(现浇混凝土板式楼梯)》(16G101－2)
学生提交资料	提交楼梯平法施工图识图成果
考评方案与标准	(1)考评方案。 按职业态度(20%)、实训过程(40%)、实训结果(40%)三方面进行考核。 (2)考评标准。 1)职业态度(20%)。 ①有认真、严谨的态度(70分)。 ②按时完成实训任务，不早退，不随意旷课(30分)。 2)实训过程(40%) ①参与任务讨论的积极性(50分)。 ②任务准备的充分性，课堂回答问题的积极性(50分)。 3)实训结果(40%) ①楼梯类型判断准确(10分)。 ②楼梯板配筋识读准确(40分)。 ③梯梁、梯柱、平台板数量及配筋识读准确(40分)。 ④识图过程熟练，知识掌握牢固，识图成果准确(10分)
识图训练	1. 本工程楼梯结构图中，标高1.750 m处TKL1的支座为( )。 　　A. 框架柱　　　　　B. 框架梁　　　　　C. 梯柱　　　　　D. 墙 2. 本工程楼梯结构图中，梯板AT1为( )边支撑。 　　A. 2　　　　　　　B. 3　　　　　　　C. 4　　　　　　　D. 1 3. 楼梯梯板厚度为( )，梯板分布钢筋为( )。 　　A. 120；$\Phi12@150$　　　　　　　　B. 130；$\Phi8@200$ 　　C. 110；$\Phi8@150$　　　　　　　　D. 130；$\Phi8@100$ 4. 本工程楼梯结构施工图中梯板下部纵筋为( )。 　　A. $\Phi12@150$　　B. $\Phi8@200$　　C. $\Phi12@200$　　D. $\Phi8@100$

任务名称	综合识读学生公寓楼梯平法施工图
识图训练	5. 本工程楼梯结构施工图中 TL 配筋为(　　)。 　　A. 上部纵筋 3Φ14；下部纵筋 4Φ14；箍筋 ϕ8@200(2) 　　B. 上部纵筋 3Φ14；下部纵筋 4Φ14；箍筋 ϕ8@100(2) 　　C. 上部纵筋 2Φ14；下部纵筋 2Φ14；箍筋 ϕ8@100(2) 　　D. 上部纵筋 2Φ14；下部纵筋 2Φ14；箍筋 ϕ8@200(2) 6. 关于楼梯的说法，下列不正确的是(　　)。 　　A. 基础及楼面施工时，应预留楼梯构件的插筋 　　B. TKL 构造同 KL，TL 构造同 L，TZ 构造同 KZ 　　C. 本工程楼梯没有考虑抗震构造措施 　　D. 本工程楼梯参与结构整体抗震设计

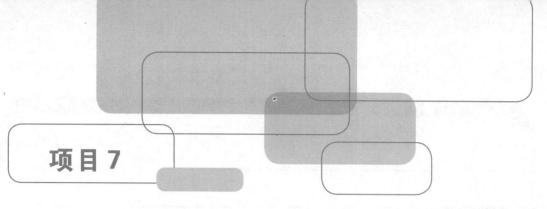

项目7

识读基础平法施工图与绘制基础配筋构造详图

项目描述

基础是建筑物的墙或柱埋在地下的扩大部分，是房屋的地下承重结构，它承受房屋上部结构的全部荷载，通过自身的调整，把它传递给地基。本项目通过基础平法施工图实际案例，让学生掌握基础平法表示的规定，熟知基本的基础节点配筋及构造要求，能够灵活应用CAD表达基础节点构造详图。

　　任务1　认知基础构件与钢筋
　　任务2　学习基础钢筋平法表示规则
　　任务3　绘制学生公寓基础配筋构造详图
　　任务4　综合识读学生公寓基础平法施工图

任务1　认知基础构件与钢筋

任务目标

　　知识目标：熟悉不同基础的类型和适用情况，掌握不同基础的配筋种类和作用。

　　能力目标：能准确并完整地说出基础和基础内钢筋的分类与特点。

　　素养目标：培养学生的学习兴趣从而热爱自己的专业，通过小组讨论和协作形成团队合作精神。

问题导入

根据不同的建筑结构形式，常见的基础形式有哪些？

基础构件与钢筋

知识链接

基础是指建筑物地面以下的承重结构，是建筑物的墙或柱子在地下的扩大部分。其作用是承受建筑物上部结构传递的荷载，并把它们连同自重一起传递给地基。常见的基础类型有独立基础、条形基础、筏形基础、桩基础等。

（1）独立基础。独立基础有多种形式，如杯形基础、柱下单独基础，如图 7-1 所示。当建筑物上部结构采用框架结构或单层排架结构承重时，基础常采用方形或矩形的独立基础，其形式有阶梯形、坡形等。独立基础底板配置有双向交叉钢筋，长向钢筋在下，短向钢筋在上，这与楼层双向板钢筋配置正好相反。

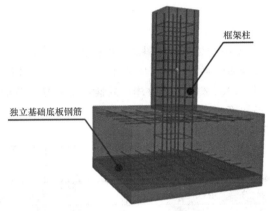

图 7-1　独立基础

（2）条形基础。条形基础是指基础的长度大于或等于 10 倍基础宽度的一种基础形式，如图 7-2 所示。按上部结构分为墙下条形基础和柱下条形基础。条形基础底板配置有双向交叉钢筋，横向配筋为主要受力钢筋，纵向配筋为次要受力钢筋或者是分布钢筋。一般情况下主要受力钢筋在下，分布钢筋在上。

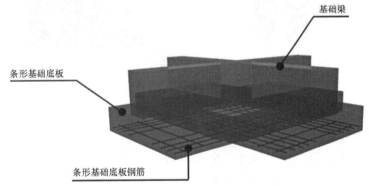

图 7-2　条形基础

（3）筏形基础。当建筑物上部荷载较大而地基承载能力又比较弱时，用简单的独立基础或条形基础不能适应地基变形的需要，这时常将墙或柱下基础连成一片，使整个建筑物的荷载承受在一块整板上，这种满堂式的板式基础称为筏形基础，如图 7-3 所示。筏形基础可分为平板式和肋梁式。筏形基础的底部与顶部都配有双向的贯通纵筋，有梁式筏形基础的基础梁的配筋与框架梁类似。

图 7-3　筏形基础

（4）桩基础。桩是设置于土中的竖直或倾斜的基础构件。其作用在于穿越软弱的高压缩性土层或水，将桩所承受的荷载传递到更硬、更密实或压缩性较小的地基持力层上，如图 7-4 所示。桩基础是通过承台把若干根桩的顶部联结成整体，共同承受动静荷载的一种深基础。桩内配置的钢筋与柱类似，包括纵筋和箍筋，当钢筋笼长度超过 4 m 时，应每隔 2 m 设置一道直径不小于 12 mm 的焊接加劲箍筋。

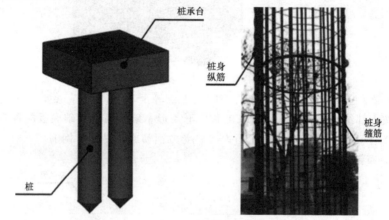

图 7-4　桩基础

课堂检测

1. 单柱独立基础的类型有＿＿＿＿＿＿＿＿＿＿、＿＿＿＿＿＿＿＿＿＿＿。
2. 条形基础是指＿＿＿＿＿＿＿＿大于或等于 10 倍＿＿＿＿＿＿＿＿＿＿。
3. 桩基础是通过＿＿＿＿＿＿＿＿联结成整体。
4. 筏形基础有哪几种类型？

思维导图总结

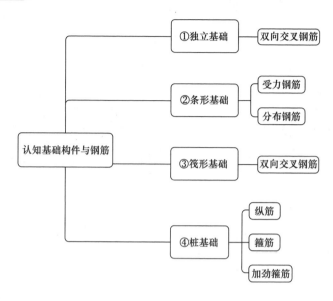

任务 2　学习基础钢筋平法表示规则

任务目标

知识目标：掌握各种类型的基础平法表示方法。

能力目标：能准确识读各种类型基础的平法施工图。

素养目标：通过制图规范的学习，树立严格遵守国家规范标准的意识和严谨负责的工作习惯。

任务 2.1　独立基础注写方式

案例导入

按照标准图集的规定，完成图 7-5 所示独立基础平法施工图的识读。

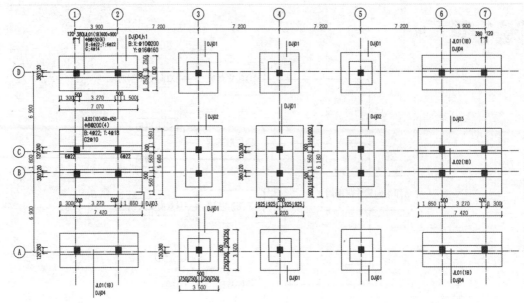

图 7-5　独立基础平法施工图

知 识 链 接

独立基础平法施工图有平面注写与截面注写两种表达方式。

1. 独立基础平面注写方式

学习基础钢筋平法表示
规则(独立基础平法识图)

独立基础的平面注写方式可分为集中标注和原位标注两部分内容，如图 7-6 所示。

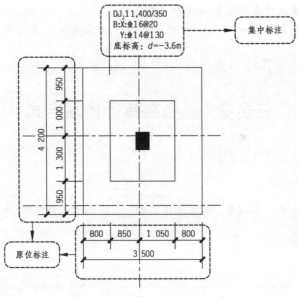

图 7-6　独立基础平面注写示意

(1)集中标注。集中标注是在基础平面图上的独立基础上用引出线标注独立基础的相关信息，标注的内容包括基础编号、截面竖向尺寸、配筋三项必注内容，以及基础底面标高（与基础底面基准标高不同时）和必要的文字注解两项选注内容，如图 7-7 所示。

图 7-7　独立基础平面注写集中标注示意

1）基础编号（必注内容）。独立基础底板的截面形状包括阶形截面和坡形截面。阶形截面编号加下标"J"，如 $DJ_J \times \times$、$BJ_J \times \times$；坡形截面编号加下标"P"，如 $DJ_P \times \times$、$BJ_P \times \times$，如图 7-8 所示。

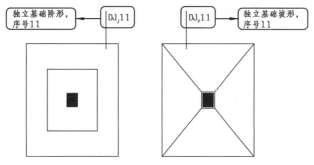

图 7-8　独立基础编号注写示意

2）基础截面竖向尺寸（必注内容）。注写为 $h_1/h_2/\cdots$，如图 7-9 所示。

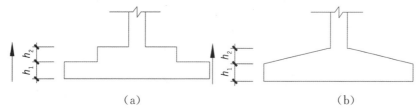

（a）　　　　　　　　　　　　　　　　（b）

图 7-9　独立基础截面竖向尺寸注写示意

（a）普通独立基础阶形竖向尺寸；（b）普通独立基础坡形竖向尺寸

3）独立基础配筋（必注内容）。以 B 代表各种独立基础底板的底部配筋，X 向配筋以 X 打头、Y 向配筋以 Y 打头注写，当两向配筋相同时以 X&Y 打头注写，如图 7-10 所示。

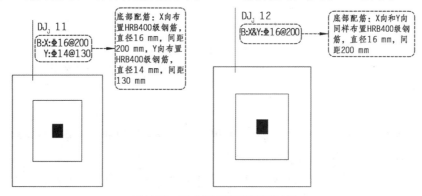

图 7-10　独立基础配筋注写示意

4)基础底面标高(选注内容)。当独立基础的底面标高与基础底面基准标高不同时,独立基础底面标高直接注写在"( )"内,如图7-11所示。

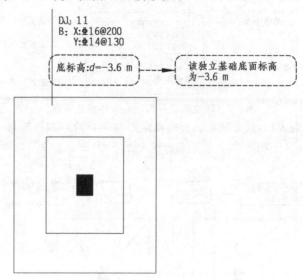

图7-11 独立基础底面标高注写示意

5)必要的文字注解(选注内容)。当独立基础的设计有特殊要求时,宜增加必要的文字注解。例如,基础底板配筋长度是否采用减短方式等,可在该项内注明。

(2)原位标注。独立基础的原位标注是在基础平面布置图上标注独立基础的平面尺寸,如图7-12所示。原位标注 x、y,x_c、y_c,x_i、y_i(或圆柱直径 d_c),$i=1$,2,3…。其中,x、y 为普通独立基础两向边长,x_c、y_c 为柱截面尺寸,x_i、y_i 为阶宽或坡形平面尺寸。

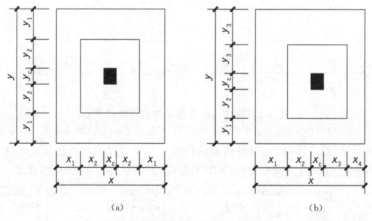

图7-12 独立基础原位标注示意

(a)对称阶形截面普通独立基础原位标注;(b)非对称阶形截面普通独立基础原位标注

2. 独立基础截面注写方式

独立基础的截面注写方式是在基础平面布置图上对所有基础进行编号,再对单个基础的内容进行截面标注或列表标注(结合截面示意图)。

(1)截面标注。截面标注是在基础平面布置图上标注出基础的平面几何尺寸,在基础截面图中标注出截面尺寸和钢筋信息,如图7-13所示。

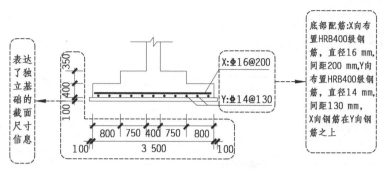

图 7-13　独立基础截面注写示意

（2）列表标注。对多个同类基础，可结合截面示意图采用列表标注的方式表达独立基础信息。列表标注是在列表中注写基础截面的几何数据和配筋等，在截面示意图上应标注与表中栏目相对应的代号，如图 7-14 所示。

基础编号/截面号	截面几何尺寸				底部配筋（B）	
	x、y	x_C、y_C	x_i、y_i	h_1/h_2	X 向	Y 向
DJ$_J$11/1—1	3 500、4 200	400、500	800、950	400/350	Φ16@200	Φ14@130

图 7-14　独立基础列表注写示意

如图 7-15 所示的独立基础采用的是什么注写方式？请识读该独立基础的信息。

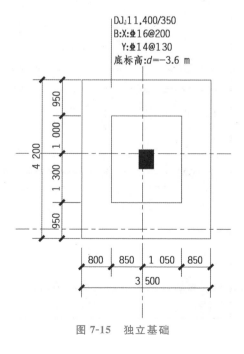

图 7-15　独立基础

思维导图总结

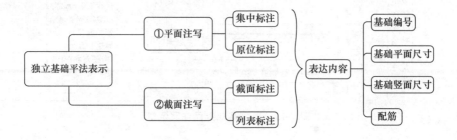

任务 2.2 条形基础注写方式

案例导入

按照标准图集的规定，完成图 7-16 所示条形基础平法施工图的识读。

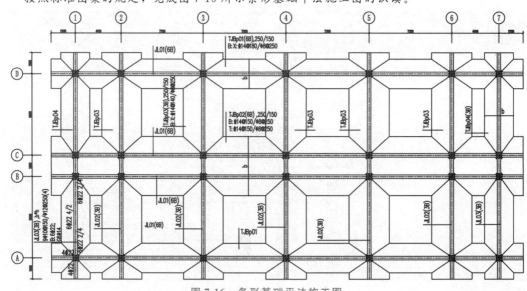

图 7-16 条形基础平法施工图

知识链接

条形基础整体上可分为梁板式条形基础和板式条形基础两类。平法施工图条形基础分解为基础梁和条形基础底板分别进行表达。

1. 基础梁平面注写方式

基础梁平面注写方式可分为集中标注和原位标注两部分内容。当集中标注的某项数值不适用于基础梁的某部位时，将该项数值采用原位标注，施工时原位标注优先，如图 7-17 所示。

学习基础钢筋平法表示规则
（条形基础基础梁平法识图）

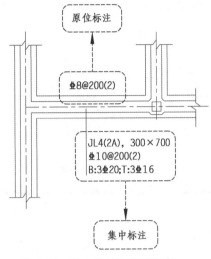

图 7-17　基础梁平面注写示意

(1)基础梁集中标注。基础梁的集中标注内容为基础梁编号、截面尺寸、配筋三项必注内容，以及基础梁底面标高(与基础底面基准标高不同时)和必要的文字注解两项选注内容，如图 7-18 所示。

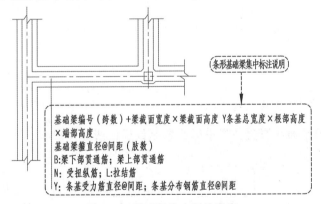

图 7-18　基础梁集中标注示意

1)基础梁编号(必注内容)。基础梁代号为 JL。

2)基础梁截面尺寸(必注内容)。注写 $b \times h$，表示梁截面宽度与高度。当为竖向加腋梁时，用 $b \times h Y c_1 \times c_2$ 表示，其中 c_1 为腋长，c_2 为腋高。

3)基础梁配筋信息(必注内容)。

①基础梁箍筋：当采用一种箍筋间距时，注写钢筋级别、直径、间距与肢数(箍筋肢数写在括号内)；当采用两种箍筋时，用"/"分隔不同箍筋，按照从基础梁两端向跨中的顺序注写，先注写第 1 段箍筋(在前面加注箍筋道数)，在斜线后再注写第 2 段箍筋(不再加注箍筋道数)。

②基础梁纵筋：底部贯通纵筋以 B 打头，顶部贯通纵筋以 T 打头，两者用分号";"隔开，贯通纵筋多于一排时，用"/"将各排纵筋自上而下分开。以大写字母 G 打头注写梁两侧面对称设置

的纵向构造钢筋，抗扭纵向钢筋以 N 打头。

　　4)基础梁底面标高(选注内容)。当施工图中的基础梁底面基准标高各不相同时，可在基础梁的集中标注中进行注写。

　　5)必要的文字注解(选注内容)。对于其他需要补充说明的基础梁信息，可在基础梁的集中标注中进行注写。

　　例如，4 号基础梁集中标注识读信息如图 7-19 所示。

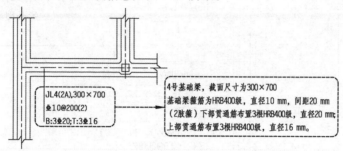

图 7-19　识读基础梁集中标注例题

　　(2)基础梁原位标注。基础梁原位标注的识读方法可参照框架梁，如图 7-20 所示。

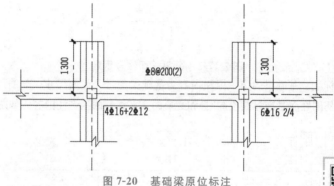

图 7-20　基础梁原位标注

2. 条形基础底板的平面注写方式

　　条形基础底板的平面注写包括集中标注和原位标注两部分内容，如图 7-21 所示。

学习基础钢筋平法
表示规则(条形基础
基础底板平法识图)

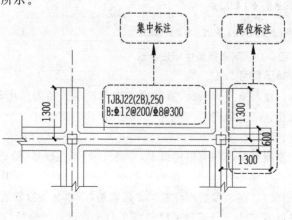

图 7-21　条形基础底板平面注写示意

(1)条形基础底板的集中标注。条形基础底板的集中标注内容为条形基础底板编号、截面竖向尺寸、配筋三项必注内容，以及条形基础底板底面标高(与基础底面基准标高不同时)、必要的文字注解两项选注内容，如图 7-22 所示。

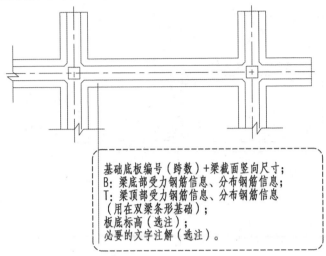

图 7-22　条形基础底板集中标注示意

1)条形基础底板编号(必注内容)。条形基础底板按照截面形状分为阶形和坡形两种。阶形截面编号加下标"J"，如 $TJB_J \times \times (\times \times)$；坡形截面编号加下标"P"，如 $TJB_P \times \times (\times \times)$。

2)条形基础底板截面竖向尺寸(必注内容)。注写为 $h_1/h_2/\cdots$，如图 7-23 所示。

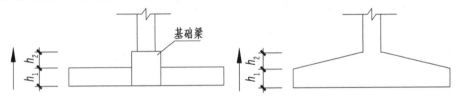

图 7-23　条形基础底板截面竖向尺寸示意

3)条形基础底板底部及顶部配筋(必注内容)。以 B 打头，注写条形基础底板底部的横向受力钢筋；以 T 打头，注写条形基础底板顶部的横向受力钢筋；用"/"分隔条形基础底板的横向受力钢筋与纵向分布钢筋。

4)注写条形基础底板底面标高(选注内容)。当条形基础底板的底面标高与条形基础底面基准标高不同时，应将条形基础底板底面标高注写在"(　)"内。

5)必要的文字注解(选注内容)。当条形基础底板有特殊要求时，应增加必要的文字注解。

(2)条形基础底板的原位标注。

1)原位注写条形基础底板的平面尺寸。原位标注 b、b_i，$i=1$，2，$\cdots$。其中，b 为基础底板总宽度，b_i 为基础底板台阶的宽度。

2)原位注写修正内容。当在条形基础底板上集中标注的某项内容，如底板截面竖向尺寸、底板配筋、底板底面标高等。

3. 条形基础底板的截面注写方式

条形基础底板的截面注写方式是在基础平面布置图上对所有基础进行编号，再对单个基础的内容进行截面标注或列表标注(结合截面示意图)。

（1）截面标注。截面标注是在基础平面布置图上标注出基础的平面几何尺寸，在基础截面图中标注出截面尺寸和钢筋信息，如图7-24所示。

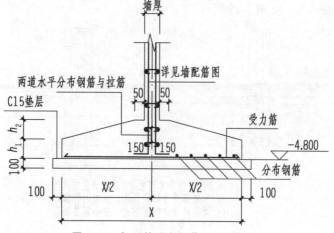

图7-24　条形基础底板截面注写示意

（2）列表标注。对多个同类基础，可结合截面示意图采用列表标注的方式表达条形基础底板信息。列表标注是在列表中注写基础截面的几何数据和配筋等，在截面示意图上应标注与表中栏目相对应的代号，如图7-25所示。

基础编号/截面号	截面几何尺寸			配筋	
	b	b_1	h_1/h_2	横向受力钢筋	纵向分布钢筋

图7-25　条形基础底板列表标注示意

如图7-26所示的条形基础采用的是什么注写方式？请识读该条形基础的信息。

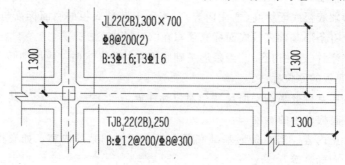

JL22(2B),300×700
Φ8@200(2)
B:3Φ16;T3Φ16

1300

1300

TJB$_J$22(2B),250
B:Φ12@200/Φ8@300

1300

图7-26　条形基础

思维导图总结

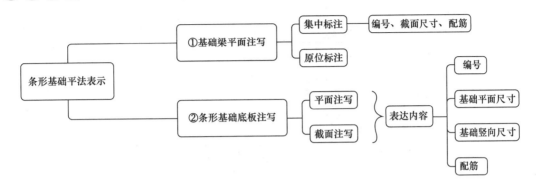

任务 3　绘制学生公寓基础配筋构造详图

任务目标

　　知识目标：掌握标准图集中基础钢筋常用构造，熟练掌握 CAD 绘图的方法。

　　能力目标：能根据图纸信息灵活应用构造节点，能使用 CAD 软件表达基础配筋构造详图。

　　素养目标：通过 CAD 软件完成绘制施工图的任务，增强动手能力，培养学生一丝不苟、精益求精的工匠精神。

任务导入

　　根据学生公寓楼结构施工图，绘制独立基础 DJ_J31 配筋纵剖面图，绘图所需信息可通过识图在结构施工图中获取，出图比例为1∶50。钢筋采用线宽为 0.25 mm 的多段线绘制。

基础配筋构造要求

知识链接

1. 独立基础底部钢筋一般构造

　　独立基础底部钢筋布置起步距离为 $\min(s/2，75\ \text{mm})$，有垫层时保护层厚度取 40 mm，无垫层时保护层厚度取 70 mm，如图 7-27 所示。

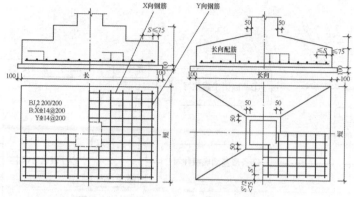

图 7-27　矩形独立基础底板钢筋排布图

2. 独立基础底部钢筋缩减 10% 构造

当独立基础底板长度大于等于 2 500 mm 时，除外侧钢筋外，底板配筋长度可取相应方向底板长度的 0.9 倍，如图 7-28 所示。

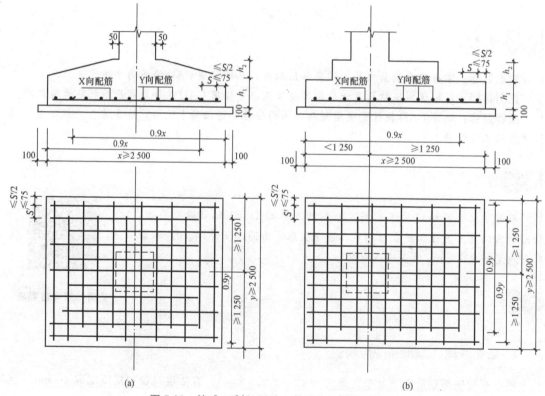

图 7-28　缩减 10% 矩形独立基础底板钢筋排布图

(a)对称独立基础；(b)非对称独立基础

任务分析

(1)绘制定位轴线、构件轮廓线，如图 7-29 所示。

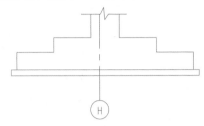

图 7-29　步骤一

(2)识读基础集中标注中配筋信息，绘制基础 Y 向受力钢筋，绘图时注意基础长向钢筋在下，短向钢筋在上，如图 7-30 所示。

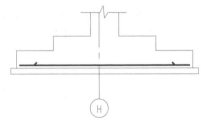

图 7-30　步骤二

(3)绘制基础 X 受力钢筋，第一根钢筋起步距离距构件边沿≤75 mm 且小于等于 $s/2$，如图 7-31 所示。

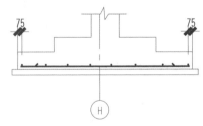

图 7-31　步骤三

(4)整理图形，完善尺寸标注、配筋、图名、比例等信息，如图 7-32 所示。

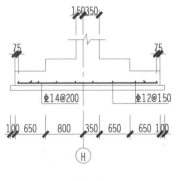

DJJ31配筋纵剖图　1:50

图 7-32　步骤四

任务4 综合识读学生公寓基础平法施工图

任务引入

根据学生公寓楼案例图纸，完成基础构件的信息采集表。

任务实施

独立基础在平面图上显示的是一个个独立的小个体，在这种独立的小个体之上，有可能通过梁连接，具体要看设计图纸的规定。

独立基础上部支撑的结构形式（结构构件）一般都是柱子（也有剪力墙），即柱下独立基础。独立基础经常在结构形式比较规整的框架结构中进行使用。每根框架柱形式比较规整，因为柱距比较固定，所以是独立基础。

基础施工图读图步骤如下。

1. 读基础平面布置图

(1)了解案例中的基础类型；
(2)了解每个基础的平面位置（与定位轴线间的相对关系）；
(3)了解基础的平面大小及形状。

基础施工图识读步骤

2. 读基础平面详图

(1)了解基础上部结构（柱）断面尺寸及配筋；
(2)了解基础底板配筋。

3. 读基础剖面详图

(1)了解基础埋置深度（顶面、底面标高）；
(2)了解基础的宽度和高度；
(3)了解基础底板的钢筋布置。

4. 读施工说明

了解基础施工要求（混凝土强度等级、钢筋类型要求等）。

【任务工单】

任务名称	综合识读学生公寓基础平法施工图
实训任务 描述	(1)实训项目介绍：根据学生公寓楼案例图纸，完成基础构件的信息采集表。 (2)实训项目目标。 1)掌握标准图集《混凝土结构施工图平面整体表示方法制图规则和构造详图(独立基础、条形基础、筏形基础、桩基础)》(16G101—3)中独立基础平面表示相关规定； 2)掌握标准图集《混凝土结构施工图平面整体表示方法制图规则和构造详图(独立基础、条形基础、筏形基础、桩基础)》(16G101—3)中独立基础截面表示相关规定； 3)识读基础钢筋布置图，提交基础识图成果
实训准备	(1)知识准备：已学《建筑识图与构造》相关知识。 (2)资料准备：学生公寓施工图、标准图集《混凝土结构施工图平面整体表示方法制图规则和构造详图(独立基础、条形基础、筏形基础、桩基础)》(16G101—3)
学生提交资料	提交基础识图成果
考评方案 与标准	(1)考评方案。 按职业态度(20%)、实训过程(40%)、实训结果(40%)三方面考核。 (2)考评标准。 1)职业态度(20%)。 ①有认真、严谨的态度(70分)。 ②按时完成实训任务，不早退，不随意旷课(30分)。 2)实训过程(40%)。 ①参与任务讨论的积极性(50分)。 ②任务准备的充分性，课堂回答问题的积极性(50分)。 3)实训结果(40%)。 ①独立基础轴线位置准确(10分)。 ②独立基础平面注写信息填写准确，无遗漏(40分)。 ③独立基础截面注写正确，无遗漏(40分)。 ④识图成果正确，信息完整(10分)
识图训练	1. 本工程地基基础设计等级为(　　)。 　A. 甲级　　　　　　B. 乙级　　　　　　C. 丙级　　　　　　D. 丁级 2. 关于地基基础的说法，下列正确的是(　　)。 　A. 本工程采用人工地基 　B. 基础验收合格后，应及时回填基坑土，且事先清除基坑中的浮泥杂物，四周均衡回填 　C. DJ$_J$08 基础顶面标高为-4.600 　D. DJ$_J$09 为坡形独立基础 3. 本工程基础及基础梁采用的混凝土等级为(　　)。 　A. C25　　　　　　B. C35　　　　　　C. C40　　　　　　D. C30 4. 本工程基础垫层厚度为(　　)mm。 　A. 300　　　　　　B. 200　　　　　　C. 100　　　　　　D. 150

任务名称	综合识读学生公寓基础平法施工图
识图训练	5. DJ_J12 基础底部 X 向配筋为（ ）。 　　A. Φ12@100　　　B. Φ14@100　　　　C. Φ16@200　　　　D. Φ18@200 6. DJ_J41 基础集中标注 T：5Φ16@200/Φ10@200 中的 Φ10@200 表示（ ）。 　　A. 基础顶部分布钢筋为 Φ10@200 　　B. 基础顶部受力钢筋为 Φ10@200 　　C. 基础底部受力钢筋为 Φ10@200 　　D. 基础顶部构造钢筋为 Φ10@200

参考答案

一、课堂检测参考答案

项目 2 任务 1：

1. 纵向钢筋　箍筋

2. 角柱位于框架结构的外围大角，一般情况下只有两个方向的梁以它为支座；边柱位于框架结构的四周，此类型柱一般情况下有三个方向的梁以它作为支座；中柱处于框架结构中间的柱，绝大多数情况下，四个方向均有梁以此柱作为支座。

项目 2 任务 2.1：

1. KZ、LZ、XZ；根据轴线定位

2. 截面尺寸和箍筋类型发生了变化

3. 截面图中表达柱截面、钢筋、标注等内容

项目 3 任务 1：

1. 框架梁、框支梁、托柱转换梁、非框架梁、悬挑梁、井字梁

2. 因为建筑功能要求，上部部分竖向构件不能直接连续贯通落地，而是需要通过水平转换结构与下部竖向构件连接，当布置的转换梁支撑上部的剪力墙的时候，转换梁叫作框支梁；当布置的转换梁支撑上部的框架柱的时候，转换梁叫作托柱转换梁。

3. 架立筋用来固定箍筋的位置，并构成梁的钢筋骨架，承受因温度变化、混凝土收缩等原因而产生的拉力，防止产生裂缝。

4. 附加横向钢筋有附加箍筋及附加吊筋两种。

项目 3 任务 2：

1. A 2. B 3. C 4. BC 5. B

项目 4 任务 1：

1. 双向板是长边与短边之比不大于 2 的板，受力特点是荷载沿板的长边和短边两个方向传递。

2. 板中受力钢筋主要有上部贯通钢筋、下部贯通钢筋、上部支座负筋

3. 延伸悬挑板 悬挑板

4. 与受力筋相互绑扎形成钢筋网，辅助传力和固定受力钢筋

5. 抵抗支座负弯矩，防止支座处板面开裂。

项目 4　任务 2.1：

1. 楼板　屋面板　悬挑板

2. 板根部厚度为 120 mm，端部厚度为 90 mm

3. 100 mm

4. 支座中线

5. 类型、板厚和贯通纵筋，板面标高、跨度、平面形状以及板支座上部非贯通纵筋

项目 4　任务 2.2：

1. 下部

2. 16G101－1 平法图集

3. 不正确

4. 在板施工图的备注或者板面上查看

项目 5　任务 1：

1. 小　多

2. 墙身　墙柱　墙梁

3. 比较重要

项目 5　任务 2.1：

1. 约束边缘构件；

2. 三种类型的墙梁，分别是连梁、暗梁、边框梁。列举了墙梁所在楼层号、梁顶相对标高高差、梁截面、上部纵筋、下部纵筋、箍筋。

项目 6　任务 1：

1. 板式楼梯　梁式楼梯

2. 梯段板→梯梁或平台梁→墙或柱

3. 上部钢筋、下部钢筋、分布钢筋

4. 梯段板、梯梁、平台板、梯柱

5. AT 型楼梯

6. 不需要考虑抗震措施，不参与抗震计算

7. AT 型楼梯梯段板不包含低端和高端平台

项目 6 任务 2:

1. 梯板总高度 2 500 mm，共 15 级
2. 平面注写方式　剖面注写
3. 梯板分布
4. 楼梯外围标注
5. 楼梯上部钢筋直径为 10 mm，间距 200 mm，下部钢筋直径为 12 mm，间距 100 mm

项目 7 任务 1:

1. 阶形　坡形
2. 基础的长度　基础宽度的一种基础形式
3. 承台把若干根桩的顶部
4. 平板式筏形基础 肋梁式筏形基础

项目 7 任务 2.1:

1. 本图采用的是平面注写方式；
2. 表达的信息：独立基础，阶形，竖向尺寸自下而上分别为 400 mm、350 mm；底部板底 X 向配筋为 HRB400 级钢筋，直径 16 mm，间距 200 mm；Y 向配筋为 HRB400 级钢筋，直径 16 mm，间距 130 mm，基础底部标高为－3.6 m。

项目 7 任务 2.2:

1. 本图采用的是平面注写方式。
2. 表达的信息：
(1)基础梁部分：基础梁，序号 22，两跨且两端外伸，基础梁截面尺寸宽为 300 mm，高为 700 mm，配置 HRB400 级箍筋，直径 8 mm，间距 200 mm，双肢箍，梁底和梁顶配筋为皆为 3 根 HRB400 级钢筋，直径 16 mm。
(2)条形基础底板部分：条形基础底板，阶形，序号 22，两跨且两端外伸，自下而上竖向尺寸为 250 mm，单阶，底板配筋横向为 HRB400 级钢筋，直径 12 mm，间距 200 mm，纵向分布钢筋为 HRB400 级钢筋，直径为 8 mm，间距 300 mm。

二、识图训练参考答案

综合识读学生公寓结构设计总说明：
1. D　　　2. A　　　3. B　　　4. C　　　5. C　　　6. A

综合识读学生公寓柱平法施工图：
1. A　　　2. A　　　3. C　　　4. B　　　5. D　　　6. C

综合识读学生公寓梁平法施工图：

1. D　　2. B　　3. D　　4. D　　5. B　　6. A

综合识读学生公寓板平法施工图：

1. D　　2. B　　3. B　　4. B　　5. D　　6. D

综合识读学生公寓剪力墙平法施工图：

1. D　　2. C　　3. C　　4. A　　5. B　　6. ACD

综合识读学生公寓楼梯平法施工图：

1. C　　2. A　　3. B　　4. A　　5. B　　6. D

综合识读学生公寓基础平法施工图：

1. B　　2. B　　3. D　　4. C　　5. A　　6. A

【任务工单】

任务1：识读结构设计总说明

任务名称	综合识读学生公寓结构设计总说明
实训任务描述	(1)实训项目介绍：根据学生公寓楼案例图纸，完成结构设计总说明识读。 (2)实训项目目标。 1)掌握标准图集《混凝土结构施工图平面整体表示方法制图规则和构造详图(现浇混凝土框架、剪力墙、梁、板)》(16G101—1)中标准构造详图中一般构造的相关规定； 2)识读结构设计总说明，提交本工程的结构基本信息、一般构造要求等识图成果
实训准备	(1)知识准备：已学《建筑识图与构造》相关知识； (2)资料准备：学生公寓施工图、标准图集《混凝土结构施工图平面整体表示方法制图规则和构造详图(现浇混凝土框架、剪力墙、梁、板)》(16G101—1)
学生提交资料	提交本工程的结构基本信息、一般构造要求等识图成果
考评方案与标准	(1)考评方案。 按职业态度(20%)、实训过程(40%)、实训结果(40%)三方面考核。 (2)考评标准。 1)职业态度(20%)： ①有认真、严谨的态度(70分)。 ②按时完成实训任务，不早退，不随意旷课(30分)。 2)实训过程(40%)： ①参与任务讨论的积极性(50分)。 ②任务准备的充分性，课堂回答问题的积极性(50分)。 3)实训结果(40%)。 ①本工程的结构基本信息表达准确、完整(40分)。 ②本工程的一般构造要求表达正确、规范(60分)
实训记录	实训过程： 实训小结：
考核成绩	

任务 2：识读柱平法施工图

任务名称	综合识读学生公寓柱平法施工图
实训任务 描述	(1)实训项目介绍：根据学生公寓楼案例图纸，完成柱构件的信息采集表。 (2)实训项目目标。 1)掌握标准图集《混凝土结构施工图平面整体表示方法制图规则和构造详图(现浇混凝土框架、剪力墙、梁、板)》(16G101－1)中柱列表表示相关规定； 2)掌握标准图集《混凝土结构施工图平面整体表示方法制图规则和构造详图(现浇混凝土框架、剪力墙、梁、板)》(16G101－1)中柱截面表示相关规定； 3)识读框架柱钢筋布置图，提交框架柱识图成果
实训准备	(1)知识准备：已学《建筑识图与构造》相关知识； (2)资料准备：学生公寓施工图、标准图集《混凝土结构施工图平面整体表示方法制图规则和构造详图(现浇混凝土框架、剪力墙、梁、板)》(16G101－1)
学生提交资料	提交框架柱识图成果
考评方案 与标准	(1)考评方案。 按职业态度(20%)、实训过程(40%)、实训结果(40%)三方面考核。 (2)考评标准。 1)职业态度(20%)。 ①有认真、严谨的态度(70分)。 ②按时完成实训任务，不早退，不随意旷课(30分)。 2)实训过程(40%)。 ①参与任务讨论的积极性(50分)。 ②任务准备的充分性，课堂回答问题的积极性(50分)。 3)实训结果(40%)。 ①框架柱轴线位置准确(10分)。 ②框架柱信息列表填写准确，无遗漏(40分)。 ③框架柱截面注写正确，无遗漏(40分)。 ④识图成果正确，信息完整(10分)
实训记录	实训过程： 实训小结：
考核成绩	

任务3：识读梁平法施工图

任务名称	综合识读学生公寓梁平法施工图
实训任务描述	(1)实训项目介绍：根据学生公寓楼案例图纸，完成梁构件的信息采集表。 1)查看图名、比例。 2)校核轴线编号及其间距尺寸，要求必须与建筑图、基础平面图保持一致。 3)与建筑图配合，明确各梁的编号、数量和位置。 4)阅读结构设计总说明或有关说明，明确梁的混凝土强度等级。 5)根据各梁的编号，查阅图中梁的截面尺寸、箍筋、上部通长筋或架立筋、下部通长筋、侧面钢筋、顶面标高及支座非通长筋等其他修正值。 (2)实训项目目标。 1)掌握标准图集《混凝土结构施工图平面整体表示方法制图规则和构造详图(现浇混凝土框架、剪力墙、梁、板)》(16G101－1)中梁平法表示相关规定； 2)识读框架梁平法施工图，提交框架柱识图成果
实训准备	(1)知识准备：已学《建筑识图与构造》相关知识； (2)资料准备：学生公寓施工图、标准图集《混凝土结构施工图平面整体表示方法制图规则和构造详图(现浇混凝土框架、剪力墙、梁、板)》(16G101－1)
学生提交资料	提交框架梁识图成果
考评方案与标准	(1)考评方案。 按职业态度(20%)、实训过程(40%)、实训结果(40%)三方面考核。 (2)考评标准。 1)职业态度(20%)。 ①有认真、严谨的态度(70分)。 ②按时完成实训任务，不早退，不随意旷课(30分)。 2)实训过程(40%)。 ①参与任务讨论的积极性(50分)。 ②任务准备的充分性，课堂回答问题的积极性(50分)。 3)实训结果(40%)。 ①框架梁信息列表填写准确，无遗漏(50分)。 ②指定框架梁横截面图绘制完整(50分)
实训记录	实训过程： 实训小结：
考核成绩	

任务4：识读板平法施工图

任务名称	综合识读学生公寓板平法施工图
实训任务描述	(1)实训项目介绍：通过板平法标注规则的学习，会识读楼盖板钢筋布置图。 (2)实训项目目标。 1)掌握标准图集《混凝土结构施工图平面整体表示方法制图规则和构造详图(现浇混凝土框架、剪力墙、梁、板)》(16G101—1)中板集中标注相关规定。 2)掌握标准图集《混凝土结构施工图平面整体表示方法制图规则和构造详图(现浇混凝土框架、剪力墙、梁、板)》(16G101—1)中板原位标注相关规定。 3)识读整体楼盖板钢筋布置图，提交楼盖板识图成果
实训准备	(1)知识准备：已学《建筑识图与构造》相关知识； (2)资料准备：整体楼盖板平法施工图、标准图集《混凝土结构施工图平面整体表示方法制图规则和构造详图(现浇混凝土框架、剪力墙、梁、板)》(16G101—1)； (3)工具准备：制图工具； (4)耗材准备：学生用4号绘图纸
学生提交资料	提交整体楼盖板识图成果
考评方案与标准	(1)考评方案。 按职业态度(20%)、实训过程(40%)、实训结果(40%)三方面考核。 (2)考评标准。 1)职业态度(20%)。 ①有认真、严谨的态度(70分)。 ②按时完成实训任务，不早退，不随意旷课(30分)。 2)实训过程(40%)。 ①参与任务讨论的积极性(50分)。 ②任务准备的充分性，课堂回答问题的积极性(50分)。 3)实训结果(40%)。 ①楼盖板集中标注钢筋信息填写准确，无遗漏(45分)。 ②楼盖板原位标注钢筋信息正确，无遗漏(45分)。 ③识图成果正确，信息完整(10分)
实训记录	实训过程： 实训小结：
考核成绩	

任务 5：识读剪力墙平法施工图

任务名称	综合识读学生公寓剪力墙平法施工图
实训任务描述	(1)实训项目介绍：根据学生公寓楼案例图纸，完成剪力墙构件的信息采集表。 (2)实训项目目标。 1)掌握标准图集《混凝土结构施工图平面整体表示方法制图规则和构造详图(现浇混凝土框架、剪力墙、梁、板)》(16G101－1)中剪力墙列表表示相关规定； 2)掌握标准图集《混凝土结构施工图平面整体表示方法制图规则和构造详图(现浇混凝土框架、剪力墙、梁、板)》(16G101－1)中剪力墙截面表示相关规定； 3)识读剪力墙钢筋布置图，提交剪力墙识图成果
实训准备	(1)知识准备：已学《建筑识图与构造》相关知识； (2)资料准备：学生公寓施工图、标准图集《混凝土结构施工图平面整体表示方法制图规则和构造详图(现浇混凝土框架、剪力墙、梁、板)》(16G101－1)
学生提交资料	提交剪力墙识图成果
考评方案与标准	(1)考评方案。 按职业态度(20%)、实训过程(40%)、实训结果(40%)三方面考核。 (2)考评标准。 1)职业态度(20%)。 ①有认真、严谨的态度(70分)。 ②按时完成实训任务，不早退，不随意旷课(30分)。 2)实训过程(40%)。 ①参与任务讨论的积极性(50分)。 ②任务准备的充分性，课堂回答问题的积极性(50分)。 3)实训结果(40%)。 ①剪力墙轴线位置准确(10分)。 ②剪力墙信息列表填写准确，无遗漏(40分)。 ③剪力墙截面注写正确，无遗漏(40分)。 ④识图成果正确，信息完整(10分)
实训记录	实训过程： 实训小结：
考核成绩	

任务6：识读楼梯平法施工图

任务名称	综合识读学生公寓楼梯平法施工图
实训任务 描述	(1)实训项目介绍：根据学生公寓楼案例图纸，完成楼梯构件的信息采集表。 (2)实训项目目标。 1)掌握标准图集《混凝土结构施工图平面整体表示方法制图规则和构造详图(现浇混凝土板式楼梯)》(16G101－2)中楼梯类型及编号相关规定； 2)掌握标准图集《混凝土结构施工图平面整体表示方法制图规则和构造详图(现浇混凝土板式楼梯)》(16G101－2)中楼梯平法表示相关规定； 3)识读楼梯结构施工图，提交楼梯识图成果
实训准备	(1)知识准备：已学《建筑识图与构造》相关知识； (2)资料准备：学生公寓施工图、标准图集《混凝土结构施工图平面整体表示方法制图规则和构造详图(现浇混凝土板式楼梯)》(16G101－2)
学生提交资料	提交楼梯平法施工图识图成果
考评方案 与标准	(1)考评方案。 按职业态度(20%)、实训过程(40%)、实训结果(40%)三方面进行考核。 (2)考评标准。 1)职业态度(20%)。 ①有认真、严谨的态度(70分)。 ②按时完成实训任务，不早退，不随意旷课(30分)。 2)实训过程(40%)。 ①参与任务讨论的积极性(50分)。 ②任务准备的充分性，课堂回答问题的积极性(50分)。 3)实训结果(40%)。 ①楼梯类型判断准确(10分)。 ②楼梯板配筋识读准确(40分)。 ③梯梁、梯柱、平台板数量及配筋识读准确(40分)。 ④识图过程熟练，知识掌握牢固，识图成果准确(10分)
实训记录	实训过程： 实训小结：
考核成绩	

任务7：识读基础平法施工图

任务名称	综合识读学生公寓基础平法施工图
实训任务描述	(1)实训项目介绍：根据学生公寓楼案例图纸，完成基础构件的信息采集表。 (2)实训项目目标。 1)掌握标准图集《混凝土结构施工图平面整体表示方法制图规则和构造详图(独立基础、条形基础、筏形基础、桩基础)》(16G101—3)中独立基础平面表示相关规定； 2)掌握标准图集《混凝土结构施工图平面整体表示方法制图规则和构造详图(独立基础、条形基础、筏形基础、桩基础)》(16G101—3)中独立基础截面表示相关规定； 3)识读基础钢筋布置图，提交基础识图成果
实训准备	(1)知识准备：已学《建筑识图与构造》相关知识； (2)资料准备：学生公寓施工图、标准图集《混凝土结构施工图平面整体表示方法制图规则和构造详图(独立基础、条形基础、筏形基础、桩基础)》(16G101—3)
学生提交资料	提交基础识图成果
考评方案与标准	(1)考评方案。 按职业态度(20%)、实训过程(40%)、实训结果(40%)三方面考核。 (2)考评标准。 1)职业态度(20%)。 ①有认真、严谨的态度(70分)。 ②按时完成实训任务，不早退，不随意旷课(30分)。 2)实训过程(40%)。 ①参与任务讨论的积极性(50分)。 ②任务准备的充分性，课堂回答问题的积极性(50分)。 3)实训结果(40%)。 ①独立基础轴线位置准确(10分)。 ②独立基础平面注写信息填写准确，无遗漏(40分)。 ③独立基础截面注写正确，无遗漏(40分)。 ④识图成果正确，信息完整(10分)
实训记录	实训过程： 实训小结：
考核成绩	

图纸目录

序号	图号	图纸名称	备注
1	结施 1	结构设计总说明(一)	A1
2	结施 2	结构设计总说明(二)	A1
3	结施 3	结构设计总说明(三)	A1
4	结施 4	结构设计总说明(四)	A1
5	结施 5	结构设计总说明(五)	A1
6	结施 6	结构设计总说明(六)	A1
7	结施 7	基础平面图	A0
8	结施 8	基底～−3.650 m柱、剪力墙平面图	A0
9	结施 9	−3.650～−0.050 m柱、剪力墙平面图	A0
10	结施 10	−0.050～3.550 m柱、剪力墙平面图	A0
11	结施 11	柱配筋表	A0
12	结施 12	四至六层梁平法施图	A0
13	结施 13	屋面梁平法施工图	A0
14	结施 14	四至六层梁平法施图	A0
15	结施 15	屋面板配筋图	A0
16	结施 16	4♯楼梯结构图	A0
17			
18		其他图纸未提供	
19			
20			
21			
22			
23			
24			
25			
26			